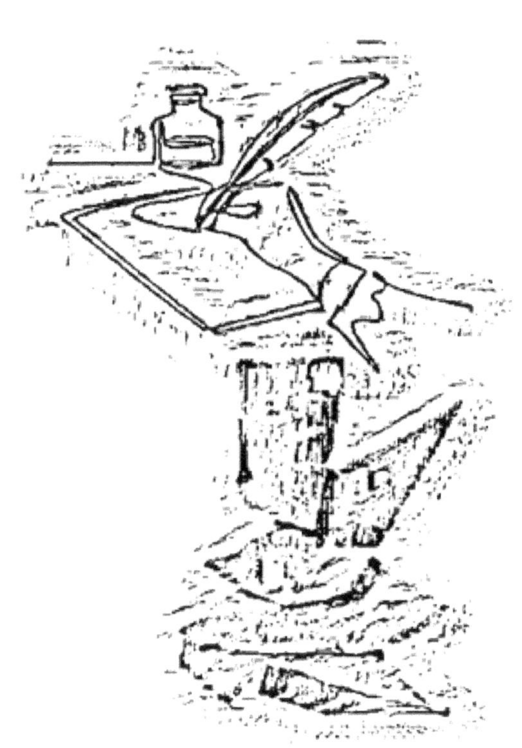

MISCELLANEA
PRIMA

MISCELLANEA PRIMA

Colección de notas breves para lectores con inquietudes filosófica

PARVUS G. HARENA

ROCA logos

Harena, Parvus G.
Miscellanea prima: colección de notas breves para lectores con inquietudes filosóficas / Parvus G. Harena. - 1a ed - Ciudad Autónoma de Buenos Aires: Sello Editorial ROCAlogos, 2024.
186 pp.; 20 x 13 cm.

ISBN 978-631-00-3644-1

1. Ensayo Filosófico. I. Título.
CDD 199.82

www.rocalogos.net
info@rocalogos.net
Redes: rocalogos_ed

ISBN: 978-631-00-3644-1

Queda hecho el depósito que previene la ley 11.723.

"Del asombro sale la pregunta y el conocimiento, de la duda acerca de lo conocido el examen crítico y la clara certeza. De la conmoción del hombre y de la conciencia de estar perdido nace la pregunta por su propio ser."

KARL JASPERS
Los orígenes de la filosofía.

ADVERTENCIA AL LECTOR

Si bien, como su título lo indica, este volumen incluye un compilado de escritos que abarcan diversos temas, hay un hilo conductor que los une de manera más o menos explícita. Me refiero a que todo ellos giran en torno a descubrir la realidad última de las cosas, esa que yace *más allá* de lo que vemos y tocamos.

Los nueve textos de esta primera colección apuntan a descubrir alguna huella de la Verdad, esa que nos permite comprender la realidad de la que somos parte. Esa realidad es más rica y profunda de lo que a veces pensamos. Es una realidad cuya naturaleza es, en última instancia, *meta*física puesto que se extiende *más allá* de la física (o naturaleza, esa hecha de materia que ocupa lugar y perdura en el tiempo).

En otras palabras, el propósito de estos comentarios y ensayos breves es mostrar instancias de una misma realidad trascendente (absoluta y necesaria), que, sin embargo, yace delante de nuestros ojos, sosteniendo nuestro acá y ahora, haciendo posible que existamos (y experimentemos esa existencia) así como lo hacemos.

PgH
Buenos Aires, 13 de mayo de 2024
Festividad de Nuestra Señora de Fátima

CONTENIDO

La pregunta por el sentido de la vida

Me gustaría comenzar poniéndote de relieve la relevancia que tiene para el ser humano (en general y, claro está, aunque no lo admitamos, también en concreto, para ¡vos y yo!) la pregunta existencial: ¿cuál es nuestro fin o propósito, nuestro *para qué*? Sí, hablo de esa pregunta por el *sentido de la vida* que por sernos tan familiar y por situarnos a todos por igual, doctos y legos, en el más común de los lugares, la incertidumbre, le hemos perdido todo el respeto.

Algunos, quizás los más sínicos, la hacen sin esperar respuesta o para entretenerse con las ocurrencias que a veces suscita su respuesta. Quienes no tienen fe pueden llegar a desestimarla como un *moot point,* como algo que es inconsecuente, igual que ponerse a discutir sobre el sexo de los ángeles. Sin embargo, quien se detenga un momento a reflexionar sobre ella, no tanto sobre su posible respuesta sino sobre su importancia, creo que concluiría, con la misma certeza con que sostenemos que 2+2 es 4, que esta es la pregunta más relevante para todo ser humano.

A tal conclusión llegan, solo por citar dos elocuentes ejemplos, Albert Camus, el más fervoroso de los ateos, y Frederick Nietzsche, el más genial de los cínicos. Ambos autores coinciden que sin una respuesta a esa pregunta la vida del hombre es un infierno intolerable, al punto que, si no lograra olvidarse o distraerse del hecho de no tener una respuesta a tal pregunta, aquel desearía la muerte.

Por otra parte, ¿cuántos de nosotros creemos no tener respuesta o no recordamos haber pensado alguna vez en semejante pregunta y, sin embargo, disfrutamos ¡muy alegres de nuestra vida!? Tanto Camus como Nietzsche dirían que si bien es verdad que quizás no hayamos pensado sobre tal pregunta, el hecho de que vivamos alegres y felices es evidencia suficiente de que ya tenemos una respuesta. Quizás no seamos conscientes de ella, pero tal respuesta es la que le da sentido (lit. una orientación, una dirección) a nuestra vida, determinando las decisiones que tomamos y las acciones que emprendemos.

El teólogo protestante Paul Tillich afirmaba esto mismo, cuando decía que todo individuo tiene algo que *más le importa*, su *ultimate concern*, su fin último, lo que más valora y que determina su criterio de acción. Para Tillich ese fin último es de carácter religioso[1]

---

[1]"La religión, en el sentido más amplio y básico de la palabra, concierne a lo que más le importa [*ultimate concern*] al

y no se equivoca, puesto que lo mismo advierte la biblia hebrea, una y otra vez, cuando habla de idolatría. Quien no adora al Dios vivo, adora a un ídolo, es decir, cualquier otra cosa que la persona diviniza, elevándola por sobre todo lo demás. El propio Tillich lo pone en los mismos términos, "lo que sea que al hombre más le importa [sea esto lo que fuere], se convierte en un dios para él"[2].

Aún recuerdo las clases de educación cívica en mi primer año del secundario, en las que se definía al ser humano a partir de sus rasgos esencia-

---

ser humano. Y eso que más le importa [al ser humano] es lo que se manifiesta en todas las funciones creativas de su espíritu". (TILLICH, PAUL. *Theology of Culture.* London: Oxford University Press. 1964. Págs. 6-7).

[2] TILLICH, PAUL. *Systematic Theology, 3 vols.* Chicago: University of Chicago Press. Pág. 234.

les. Junto con su mano prensil y su capacidad de raciocinio, el ser humano, nos repetía una y otra vez nuestro profesor, es un ser religioso. En este punto, aquel profesor de cívica coincidía con Tillich. Toda empresa humana tiene una dimensión religiosa porque el ser humano es, esencialmente, un ser religioso. Lo es en la medida que siempre tiene presente algo que es, para él, lo que más valora, lo que más le importa, lo que adora.

La pregunta existencial sobre el sentido de la vida es una pregunta religiosa en la medida que es una pregunta sobre lo que *más nos importa* en esta vida. Y seamos o no conscientes de ello, eso que más nos importa, determina el criterio a partir del cual decidimos nuestras acciones, cuya sumatoria no es otra cosa que nuestra vida. Sin ese norte que nos orienta, nuestra vida se zarandea movida únicamente por nuestras pasiones y circunstancias.

A continuación te propongo repasar en la importancia que tiene esta cuestión, no tanto en términos prácticos (en cómo afecta nuestro día a día; ya tendremos oportunidad para hacerlo) sino históricos. Te invito a que veamos cómo dicha cuestión ha estado presente desde los orígenes de nuestra historia, esto es, desde que el hombre comenzó a dejar un registro escrito de sus diversos asuntos. Me refiero a que descubramos en los registros escritos más antiguos que tenemos y que refieren a los mitos fundacionales de nuestra civilización occidental, que se ha dicho sobre esta cuestión.

El psiquiatra y psicoanalista suizo Carl Gustav Jung al estudiar las historias mitológicas de la civilización occidental descubre ciertos temas recurrentes en ellas. Según él, estos temas que se repiten pueden ser pensados como puertas de acceso a un conocimiento de algo que es fundamental y que subyace a nuestra experiencia humana.

Dentro de su marco teórico, este conocimiento representaría una suerte de subconsciente colectivo tan profundo como esencial a nuestra existencia. A estos temas recurrentes expresados de manera simbólica, más o menos análoga en las diferentes historias mitológicas, él los llamó *arquetipos*. Entre ellos, el arquetipo más conocido, y probablemente más común en cuanto a su presencia recurrente en aquellas historias, es la figura del héroe.

Este *arquetipo del héroe*, de acuerdo con Jung, representa a aquel individuo que, dejando atrás a su familia, su comunidad y la seguridad de su entorno, se lanza a lo desconocido, a esa realidad que no controla y que se le presenta amenazante en su desorden, como si fuera un caos inmenso que puede devorarlo. Se lanza así a la aventura, penetrando en el centro mismo del abismo del caos para luchar contra él y lograr, luego de haber vencido, retornar desde los confines de la oscuridad a su comunidad con un tesoro. Vuelve a la seguridad de los suyos llevando consigo algo de gran valor para ellos, extraído triunfalmente de las fauces mismas del abismo. El héroe lo arriesga todo en pos de su comunidad. Se ofrece como sacrificio y vuelve como vencedor.

En las propias palabras de Jung en la *Introducción a la esencia de la mitología* —una obra que compila los trabajos que realizó en colaboración con un filólogo experto en mitología griega y que promovió un estudio serio sobre ella—, leemos que "la principal hazaña del héroe es vencer al monstruo de la oscuridad: ese triunfo esperado desde hace mucho tiempo de la consciencia sobre la subconsciencia"[3].

Esto, sin intención de aventurarnos demasiado en el pensamiento de Jung, no es otra cosa que el triunfo del cosmos sobre el caos, del orden sobre el desorden. Es el triunfo heroico de la luz unificada, reflexiva y atenta, de nuestra consciencia —que todo lo experimenta de manera activa— sobre la oscuridad abismal, informe y dispersa de nuestra subconsciencia —que todo lo padece sin darse cuenta, ni ser jamás capaz de hacerlo—. Es el triunfo de nuestra razón coherente y unificadora sobre nuestros múltiples impulsos y pasiones incoherentes (desunidas) entre sí —y que surgen, bien podríamos

---

[3] Jung, Carl Gustav. Kerényi, Karl. *Introducción a la esencia de la mitología: el mito del niño divino y los misterios eleusinos*. Madrid: Ediciones Siruela, 2004. Pág. 112.

decir, de un ámbito abismal y desconocido—. Es la victoria épica del conocimiento sobre la ignorancia y la confusión; de la persona entera y libre que actúa en la realidad, eligiendo y decidiendo, sobre la multiplicidad de impulsos dispersos que reaccionan ante esta última y que se atropellan sobre la persona, impidiéndole que elija y actúe libremente. Es, sin ir más lejos, el triunfo de la plenitud humana, su felicidad completa, sobre su imperfección, su menor versión, esa que lo reduce a una naturaleza defectuosa, mortal y mezquina.

Teniendo presente esta tensión esencial que existe, no solo en el símbolo mitológico sino también en nosotros mismos, nos hace notar Jung, podemos comenzar a inferir que esta idea, tal vez, se nos presenta de manera recurrente y de formas más o menos elocuentes en el vasto universo de tradiciones mitológicas. Estas tradiciones, que han surgido desde la antigüedad y a través de las diversas culturas en la humanidad, nos hacen suponer que la aventura del héroe está presente en todos los seres humanos desde el momento en que comienzan a contemplar la realidad y a reflexionar sobre ella, intentando plasmar esas reflexiones en historias que buscan explicarla.

Hay, puntualmente, dos ejemplos de esta dinámica que me gustaría rescatar, no solo por lo reveladores sino también por la importancia que han tenido en el desarrollo de nuestra gran civilización humana. Según lo que nos dicen los estudiosos, la civilización egipcia y la sumeria fueron, posiblemente, las más antiguas de las que tengamos registros arqueológicos. Ambas surgen relativamente cercanas en el tiempo, hace aproximadamente unos seis mil o cinco mil años, y en el espacio. La civilización egipcia se levanta en la cuenca del Nilo, en el norte de África, y la sumeria, en el sur de la región Mesopotámica, en Asia Occidental. De estas dos civilizaciones se desprenden dos historias mitológicas que nos llegan —de manera casi tan sorprendente como el mensaje que nos traen— como una suerte de telegrama o email enviado por nuestros antepasados, desde muy lejos y hace mucho tiempo, desde un pasado remoto pero real y concreto, que nos dice que la búsqueda de esas personas por ordenar su visión de la realidad y encontrarle un sentido no era tan diferente a la nuestra.

Independientemente de la diversidad de contextos que uno quiera agregar, quitar o intercalar entre estos seis mil o cinco mil años que nos separan en el tiempo (y otros tantos kilómetros que nos distancian en el espacio) del origen de estas historias, lo que ellas nos transmiten es que, definitivamente, las personas que las narraron se enfrentaron a la misma realidad que nosotros y que sus consciencias experimentaron la misma *sorpresa y asombro* que experimentamos nosotros.[4]

En estas dos historias hay un héroe simbólico en el que todos nosotros podríamos vernos representados, en cuanto nos arrojamos a la aventura por responder al reto que nos presenta la realidad. La realidad nos invita a sobreponernos, comprometiendo todas nuestras potencias, al caos que resulta de no comprenderla y de evadirnos de ella. Esa incomprensión y evasión se expresa en forma de relación apática o indiferente con la realidad de la que

---

[4] Por *sorpresa y asombro* me refiero a esa intriga (esencialmente humana) que la realidad despierta en el ser humano y que lo propicia a contemplarla y a reflexionar sobre ella. La sorpresa y el asombro que la realidad despierta en el ser humano es el comienzo de la reflexión filosófica —y, creo yo, también religiosa—.

nos separa y, si la dejáramos crecer, en su aparente complacencia y comodidad, parecería tener el poder de absorbernos hasta sofocarnos.

El primer paso del héroe es responder al reto y lanzarse animadamente —sobreponiéndose a su apatía y temor— hacia la realidad para quedar cara a cara frente a ella, y encontrar allí, en su entramado más profundo, como si fuera una especie de corona triunfal, el orden que busca —luego de haber vencido en batalla a su propia confusión, apatía y temor—.

La primera de nuestras dos historias refiere a Gilgamesh, quien se cree fue el quinto rey de la ciudad sumeria de Uruk. Una serie de poemas que lo tuvieron por protagonista relata sus hazañas. Estos poemas —reconocidos como las primeras piezas de literatura universal— nos llegan de manera más o menos unificada en lo que se conoce como su *versión estándar*, compuesta por una serie de once tablas de arcilla —luego se encontró una doceava— de escritura cuneiforme acadia.[5] Las tablas fueron escritas mucho tiempo después y en un lugar diferente al de los poemas originales sumerios, de los que se supone fueron tomados los poemas de esta versión, no sin posibles modificaciones. De estos poemas, conocidos en su conjunto como *La epopeya de Gilgamesh,* se siguieron encontrando fragmentos dispersos en diferentes lugares y épocas que nos indican que esta mitología sumeria permeó las diversas poblaciones de la región Mesopotámica.

---

[5] Del contenido de estas once tablillas se pueden encontrar en Internet varios compilados en los que se presenta el texto de cada una de ellas y se comenta sobre su estado y descubrimiento. Es inevitable tener que apelar a la imaginación para completar los espacios vacíos en la trama de esta historia tal cual se lee.

De Sumeria se transmitió al Imperio Acadio, luego al Asirio y luego al Babilónico. Y en este último, por otra parte, se cree que durante el exilio hebreo llegó incluso hasta los propios hagiógrafos bíblicos quienes, probablemente, se sirvieran de alguna de estas historias para transmitir, a través de ellas, la verdad que querían revelar.

Según esta versión estándar de los poemas, la trama de la historia refiere, en una primera parte, a las aventuras de Gilgamesh junto a su amigo Enkidu —cuya amistad nace de un combate parejo entre ellos pero que acaba ganando Gilgamesh—. Ambos semidioses se unen para lograr una serie de victorias prodigiosas que los llenan de gloria. En la segunda parte de la trama, sin embargo, Enkidu muere y su muerte conmueve a Gilgamesh y lo lleva a cuestionarse acerca del valor de las victorias adquiridas si nada permanece y él también morirá.

El dolor y la pérdida del sentido de su propia existencia mueven a Gilgamesh a aventurarse hacia los confines del mundo conocido para ir en busca de la figura mística[6] de Utnapishtim,

[6] Vale aclarar que me refiero a esta figura como *mística* ya dentro del relato o mito (del griego *mŷthos* que hace alusión a *cuento, fábula* o *leyenda*). En esta narración mitológica (en el sentido que nos remite a una leyenda o cuento antiguo) el personaje de Utnapishtim se nos presenta como un personaje *místico* o *mistagógico* dado que es alguien que posee *conocimiento místico* o del misterio de la realidad (puntualmente, del *más allá*). *Místico, mistagógico* y *misterio* son términos con una relevancia central en el estudio de toda religión porque, en ese contexto, nos refieren a eso que es real (profundamente real) pero que está *más allá* de lo que se puede "ver" o de lo que se puede "hablar".

Más adelante, en otro comentario, retomaremos esta explicación puesto que es importante entender estos conceptos en

un mortal que, junto a su mujer, sobrevive al diluvio universal y logra, gracias al favor de los dioses, alcanzar la vida eterna.

---

toda empresa que, como la nuestra, pretenda llegar a la realidad última de las cosas. Ahora solo adelantamos que los etimólogos nos enseñan que estos términos derivan de un mismo ancestro griego, el verbo *μύω* (*myo*) que refiere a *cerrar los ojos* y (en su origen) a *cerrar los labios*.

El misterio entendido en este sentido original, si se quiere, nos refiere a algo que sobrepasa (o que está vedado a) nuestra experiencia (que nos "cierra los ojos") y también nuestra capacidad de discurso, lógica, racional, esto es, de poder expresar en palabras (que nos "cierra los labios"). Ya en este mito (antiquísimo), por tanto, se nos hace evidente la presencia del misterio de la realidad (representado en la figura de Utnapishtim) y que nos hace ver la centralidad que este tenía en la visión de la realidad de quienes crearon este mito y que a través de él buscaron expresarla.

Gilgamesh, quien, según se lee en las primeras palabras de la versión estándar de la historia, es descrito como *aquel que vio en lo profundo,* fracasa en sus dos pruebas: en la primera, al intentar alcanzar la inmortalidad que tanto anhelaba; y luego, en la segunda, al pretender, a modo de premio consuelo, hacerse de la planta que le devolvería su juventud.

Gilgamesh no logra superar estos desafíos; sin embargo, de ellos y de sus encuentros con Utnapishtim gana el conocimiento que este último posee de la fuente misma de la sabiduría —no obstante, ese conocimiento solo se le descubre a Gilgamesh como sabiduría cuando vuelve a su hogar creyendo haber fracasado en su aventura—. A esos encuentros con su maestro, en los confines del mundo conocido, Gilgamesh llega luego de cruzar el pasaje de la cordillera de Masu, debajo de las montañas, siguiendo la ruta del sol por

"12 horas dobles" en completa oscuridad.

Son pocos los detalles superfluos en las historias mitológicas, nos dicen quienes las estudian. La mayor parte de lo que se describe en ellas tiene un sentido figurado. Y, muchas veces, lo que juzgamos superfluo o insignificante es simplemente nuestra incapacidad, dadas las diferencias temporales y culturales, de "decodificarlo" correctamente porque ese sentido o símbolo se ha modificado o perdido en la trasmisión de estas historias a través de las generaciones.

Por eso, ante la duda, no quisiera omitir que ese pasaje, por el que Gilgamesh avanza en total oscuridad en busca de quien recibió su sabiduría de la fuente misma de la sabiduría, estaba custodiado por "hombres escorpiones". El detalle me resulta curioso; quién sabe, tal vez se nos sugiere que el avance de toda persona que genuinamente se esfuerza y persevera en busca de la sabiduría se ve, con frecuencia, flanqueado por tales entidades de constitución mediocre, medio hombre y medio alguna otra cosa, que habitan en la oscuridad y se desenvuelven con facilidad en ella.

De aquellas conversaciones con Utnapishtim (y con su mujer) y de las experiencias que atraviesa, Gilgamesh, *aquel que vio en lo profundo* —y que para ver en lo profundo primero tuvo que llegar allí—, vuelve a su ciudad de Urk renovado. Vuelve habiendo llegado a ver más allá de la muerte y habiendo aprendido cómo rendir culto a la divinidad. Vuelve convertido en un rey bueno y justo al mismo lugar del que partió; pero él no es el mismo, logró desterrar su angustia.

Gilgamesh vuelve de su aventura, en la que arriesga todo y en la que compromete toda su existencia, con un entendimiento que antes no tenía.

Vuelve con una cosmovisión, esto es, con una visión ordenada de la realidad que incluye también una noción del *más allá* —de la realidad que trasciende la muerte de la que él no ha conseguido escapar—. Gilgamesh vuelve a Uruk con un entendimiento del sentido de sus acciones que le permite vivir el resto de su vida mortal en plenitud.[7]

---

[7] Conforme con la intención que hemos adelantado en el prólogo, vale que citemos partes de los escritos originales de estos poemas solo por el hecho de que, literalmente, nos refieren a una obra escrita hace, según se nos dice, aproximadamente unos cuatro mil quinientos años —aunque, seguramente, su verdadero origen se remonte aún más en el pasado, en una tradición oral más antigua—.

¿Qué historias se contarían en esa época tan antigua? No podemos saberlo. Pero sí sabemos con certeza que hubo una que comienza así:

Aquel que vio todo hasta los confines de la tierra, que todas las cosas experimentó, que todo consideró [...] juntamente [...], [...] de sabiduría, que todas las cosas [...]. Lo oculto vio, desveló lo velado. Informó antes del diluvio, llevó a cabo un largo viaje, cansado y derrengado. Todo su afán se grabó en una estela de piedra. De la terraplenada de Uruk el muro construyó, del reverenciado Eannal, el santuario puro. ¡Contempla su muralla exterior, cuya cornisa es como el cobre! ¡Mira la muralla interior, que nada iguala! ¡Advierte su umbral, que de antiguo viene! Acércate a Eanna, la morada de Istar, que ni un rey futuro, ni un hombre, puede igualar. Levántate y anda por los muros de Uruk, inspecciona la terraza de la base, examina sus ladrillos: ¿No es obra de ladrillo quemado? ¿No echaron sus cimientos los Siete Sabios? [...] Dos tercios de él son dios [un tercio de él es humano]. La forma de su cuerpo [...] como un buey salvaje altivo [...]; el empuje de sus armas no tiene par. (*Fragmentos de la tablilla I*).

Y sin embargo, este poderoso soberano dos tercios dios y un tercio humano, de más de cinco metros de altura —y vale decir que esto lo hacía más alto que el propio Goliat—, no pudo escapar de la angustia existencial que puede llegar a padecer cualquiera de sus pares ciento por ciento humanos:

> Por Enkidu, su amigo, Gilgamesh llora sin duelo, mientras vaga por el llano: «Cuando muera, ¿no seré como Enkidu? El espanto ha entrado en mi vientre. Temeroso de la muerte, recorro sin tino el llano. Hacia Utnapishtim, hijo de Ubar-Tutu, para avanzar velozmente he emprendido el camino. Al llegar de noche a los pasos de la montaña, vi el león y me amedrenté, levanté mi cabeza [...] a los dioses fueron mis plegarias [...]. (*Fragmentos de la tablilla IX*).

Gilgamesh conoce a Utnapishtim, quien le cuenta la historia del diluvio y cómo a él y a su mujer los dioses les conceden el favor de vivir eternamente, lejos del mundo. Gilgamesh recibe sus pruebas para lograr lo que busca, pero fracasa en todas. Vuelve entonces a Uruk con el barquero Urshanabi, quien lo ha acompañado en su aventura. La historia concluye así:

> A esto Gilgamesh se sienta y llora, las lágrimas se deslizan por su cara. [Se dirige] a Urshanabi, el barquero: «¿[Para] quién, Urshanabi, mis manos trabajaron? ¿Por quién se gasta la sangre de mi corazón? No obtuve una merced para mí. ¡Para el león de tierra logré una merced! [...] **Hallé lo que se había puesto como señal para mí: ¡Me retiraré, y dejaré la barca en la orilla!**» Después de veinte leguas comieron un bocado, después de treinta leguas [más] se prepararon para la noche. Cuando llegaron a la amurallada Uruk, Gilgamesh dijo a él, a Urshanabi, el barquero: «Anda, Urshanabi, ve a las almenas de Uruk. Inspecciona la terraza, examina sus ladrillos, ¡si su obra no es de ladrillo quemado, y si los Siete Sabios no echaron sus cimientos!». (*Fragmentos de la tablilla XI*).

Cansado y derrengado luego de un largo viaje, aquel que vio todo, que lo oculto vio, que desveló lo velado, ahora vuelve al lugar desde donde partió, su casa, esa casa construida de ladrillo quemado y sobre cimientos que echaron los Sietes Sabios. Pero ahora todo lo vuelve a ver con nuevos ojos y un nuevo entendimiento: ¡Halló lo que se había puesto como señal para él!

Pero esa señal fue solo para él, puesto que solo él vivenció su epopeya; sobre lo que esa señal le permitió *ver y comprender* nada quedó grabado en la estela de piedra que relata sus magníficas andanzas. Sin embargo, para él, *el héroe,* habiendo alcanzado a ver y a comprender, esas hazañas ya nada valen, se esfuman como la niebla con el paso del tiempo, y solo alimentan al león de la tierra, que no es más que polvo que algún día también se dispersará y dejará de ser.

Gilgamesh descubre un sentido trascendente, *algo más,* algo que lo mueve a *dejar su barca en la orilla y ponerse a caminar de regreso a su casa* que ahora redescubre en toda su belleza; la realidad no cambia, pero sus ojos ahora ven algo que antes no podían ver. *Aquel que vio en lo*

No lejos del lugar donde vivió el Gilgamesh histórico, que seguramente inspiró la epopeya mitológica que acabamos de resumir, y bastante cercano en el tiempo, nos llega la historia egipcia de Osiris. Los paralelos entre ambas historias son sorprendentes sobre todo teniendo en cuenta que los orígenes, culturas y lenguas de ambas civilizaciones, más allá de sus posibles intercambios, son completamente independientes.

Ambas historias, al margen de su lenguaje fantástico y de sus figuras mitológicas, si prestamos atención a lo que sus autores parecerían querer invitarnos a reflexionar, como creo apun-

---

profundo vuelve de su epopeya feliz, plenamente feliz, no por lo que logró con el empuje sin par de sus brazos sino por lo que ahora puede ver.

taría Jung, convergen en esta misma aventura de búsqueda existencial por el sentido de la vida. Una búsqueda de un sentido trascendente que ordene o direccione nuestras acciones y nuestra vida —porque nuestra vida no es más que eso, una sumatoria de acciones en el tiempo y en el espacio—.

La historia de Osiris nos llega por los escritos jeroglíficos de los antiguos egipcios y, al igual que la de Gilgamesh, tiene varias versiones y se compone de múltiples fuentes —variando cada una de ellas, en mayor o menor medida, en sus detalles y grado de compleción—. Una de sus versiones más completas y con mayor cohesión es relatada por el mismo Plutarco.[8] Se-

---

[8] Plutarco de Queronea, quien luego de recibir su ciudadanía romana es conocido también como Lucio Mestrio Plutarco, fue un extraordinario historiador, biógrafo y ensayista. Sobre finales de siglo I en Delfos, con la sofisticación y

agudeza propia de su talento académico, Plutarco investiga y reconstruye el antiquísimo —¡ya para su época!— mito de Osiris.

¿Y cómo es que sabemos esto? Porque afortunadamente lo podemos leer. Lo que aquel estudioso escribió hace casi dos mil años en papiro (o pergamino) a la luz de una lámpara —imagino yo— hoy lo leemos en formato PDF, desde un archivo que bajamos por Internet.

Plutarco narra y analiza el mito de Osiris en su tratado *Sobre Isis y Osiris,* el cual encontramos al comienzo del libro quinto de *Moralia* (también conocido como *Obras morales y de costumbres*), una edición de catorce libros que compila escritos atribuidos a Plutarco. Esta edición fue realizada en el siglo XIII por el monje bizantino Maximus Planudes —gramático, teólogo y traductor—, a quien, creo yo, debemos estarle agradecidos.

En Constantinopla, Planudes trabajó con esmero, para fortuna de todos nosotros, en terminar la compilación de gran parte de la obra de Plutarco. Hoy nos co-

gún el biógrafo y ensayista romano —que antes había sido griego— Osiris, al que algunos asocian con el primer soberano egipcio, tenía claramente ascendencia divina pero naturaleza mortal.

Según nos cuenta la narración, fue el héroe que conquista el mundo del más allá para convertirse en un soberano justo y bueno. Aunque parece que el significado de su nombre es (hoy, para nosotros) difícil de descifrar, el consenso entre los mitólogos es que hace referencia a *aquel con el ojo que ve más allá*. Este héroe logra triunfar luego de ser martirizado por su hermano Seth o Set —o Tifón, como lo llama Plutarco—. El significado del nombre *Seth*, por su parte, parece presentar menos

---

rresponde apreciar el aporte de este buen monje; de no haber sido por su diligencia y ciencia, tal vez gran parte de la obra de Plutarco se hubiese perdido.

dificultad para su comprensión. Se nos dice que hace referencia a la fuerza bruta, al tumulto o a lo incontenible. Seth engaña a Osiris haciéndolo entrar en un cofre que luego cierra y arroja al Nilo. Luego de morir ahogado y ser desmembrado por su hermano, Osiris vuelve a la vida por acción de su mujer Isis. Ya resucitado, engendra un hijo, Horus, que vence a Seth en combate.

En esta tradición mitológica, el símbolo de Osiris, que representa la fecundidad, la razón, el orden y la paz, se contrasta con el símbolo de Seth que representa los impulsos, la confusión, el desorden, la sequía y la esterilidad. La tensión entre ambos apunta a un orden, un cosmos, ganado en una batalla primigenia (perenne) librada más allá de la muerte, por *aquel que tiene el ojo para ver más allá* y que logra vencer al desterrar la oscuridad y el desorden.

Sin querer convertirme en exégeta de la mitología egipcia, no puedo dejar de notar la elocuencia de la forma en que muere Osiris en manos de su hermano Seth. Aquel que personifica la razón, el orden y la inteligencia, que ve más allá que el resto de las personas, se deja engañar por este que personifica los impulsos, el desorden y la fuerza bruta. Una vez engañado, Osiris termina ahogado y desmembrado. Podríamos bien sugerir, entonces, que en Osiris y en Seth vemos dos caras de esa lucha interna que cada uno de nosotros puede experimentar en cualquier momento.

Esta es la lucha a la que aludía Jung entre nuestro consciente y nuestro subconsciente y que solo el héroe logra transitar de manera victoriosa. El engaño de Osiris por Seth nos lleva a reflexionar acerca de lo que pasa cuando el orden con que entendemos las cosas se vuelve un caos, es decir, cuando nuestra inteligencia y nuestra razón son engañadas por nuestros impulsos más básicos. Nos hace pensar acerca de lo que puede pasar cuando nuestra consciencia o persona consciente, iluminada por la inteligencia y la razón, pierde su principio rector con el que guía y ordena sus acciones —ese principio que le permite decidir qué acciones realizar y cuáles evitar—.

Básicamente, cuando esto ocurre lo que queda son nuestros impulsos y, bajo su dominio, nuestra consciencia termina por agobiarse o sofocarse —es decir, se ahoga—. Bajo el dominio de nuestros impulsos, nuestra consciencia, que antes ordenaba todas nuestras acciones en una única dirección, siguiendo ese fin último y trascendente, ahora se divide en muchas direcciones —es decir, se desmiembra— conforme es guiada por múltiples impulsos que no necesariamente son coherentes entre sí.

Dicho de otra manera, nuestros impulsos son múltiples y están desordenados, lo que resulta en que nuestra consciencia o persona se termine dividiendo o desmembrando para seguirlos. La persona consciente se des-integra, es decir, pierde su integridad, esa coherencia que la vuelve una persona *íntegra* —que, por otra parte, es lo que la tradición católica entiende por una persona *santa* o *pura*—.

De personas des-integradas, cuya esencia consciente está desmembrada y ahogada y que, en consecuencia, se encuentran dominadas por sus impulsos e instintos, nacen los déspotas y las acciones violentas e incoherentes que causan sufrimiento y dolor en quienes las realizan y en el resto de las personas a su alrededor que las padecen. Este es el riesgo real y concreto al que están expuestas tanto las personas como las sociedades o estados, en cuanto que son gobernados por sus líderes o soberanos.[9] Esto es lo que los egipcios parecieron entender desde los comien-

---

[9] Es oportuno hacer referencia a las propias palabras de Plutarco que no solo son simples y claras, sino que además nos dejan ver que, ya hace casi dos milenios, él nos anticipa lo que Jung nos advierte mucho después desde su ciencia moderna.

Al igual que Jung, Plutarco desde su erudición antigua (mucho antes de que surgieran los métodos modernos de investigación) nos invita a prestar cuidadosa atención al significado de los mitos, a la verdad que sus autores buscaron expresar en símbolos.

Por ejemplo, sobre cómo leer los mitos antiguos —y notemos que estos son "antiguos" ya para la época en que él escribía—, nos aconseja:

> Tomando cuanto se ha dicho más arriba a modo de ejemplo, cada vez que escuches la mitología egipcia y cuanto a sus dioses se refiere, como sus vagabundeos errantes, sus desmembramientos, y sus muchas penalidades, deberás

> recordar que no significa que las cosas hubieran pasado de la forma dicha. Así, cuando denominan a Hermes el perro, **no lo entienden en un sentido literal**, sino que se tiene en cuenta de este animal el sentido de la vigilancia, su guardia, la sagacidad que posee para distinguir a amigos de enemigos, reconociendo a unos y desconociendo a los otros, tal y como dice Platón, y así lo relacionan con el más sagaz de los dioses [...] Por tanto, **si tomas y aceptas lo que se dice de los dioses proveniente de la interpretación que de ellos hacen quienes saben ver lo reverente y lo filosófico,** [...] **desde el conocimiento verdadero, podrás evitar un mal que es incluso peor que el ateísmo: la superstición**.

Y antes que esto, fiel a su rigurosa instrucción filosófica, Plutarco nos hace notar una verdad evidente que a menudo olvidamos:

> **Nada hay más grande para el hombre que la obtención de la verdad** [...] la aspiración al conocimiento de la verdad, es la aspiración a la divinidad, sobre todo cuando la verdad es referi-

> da a la verdad divina. **Es esta una aspiración que es, sin duda, implícitamente sacra, puesto que nos guía y dirige inexorablemente hacia la acción santa**, [...] acción que es especialmente grata a ojos de la [...] sabiduría, a la que tanta estima guardas. Verdaderamente, su propio nombre parece indicarnos que nada hay más afín a ella que el conocimiento y la sabiduría.

Luego prosigue a contarnos la historia de Osiris: "Te relataré ahora el mito prescindiendo, con el mayor de los cuidados, de cuanto hay en él de superfluo e inútil, a fin de que sea lo más breve posible". (Plutarco. *Moralis*. Libro V. *Sobre Isis y Osiris*. Secciones I, II, XI y XII).

Así, avanza sobre el resto de su tratado para contarnos este mito. Pero Plutarco no solo narra la historia mitológica sino que, además, realiza un detallado y fino análisis de lo que esa historia, en su trama y personajes, intenta decir a través de su lenguaje cargado de símbolos. Es decir, intenta interpretar la historia. In-

zos de su civilización. También parecerían entenderlo así, desde sus respectivos comienzos, las principales tradiciones religiosas que hasta hoy, ya bien adentrados en nuestro modernísimo siglo XXI, se expresan en la consciencia del hombre y en su cultura.

Al desmoronarse nuestra visión ordenada de la realidad, de la que derivamos un sentido rector que ordena y rige nuestras acciones, distinguiendo las buenas de las malas, lo único que queda es nuestra voluntad y la fuerza

---

tenta buscar la verdad fundamental que sus antiguos autores quisieron expresar en sus narraciones, esperando que estas la dejaran traslucir.

De este modo, el ensayo de Plutarco antecede, en alguna medida, al trabajo que citamos hace un momento de Jung y Kerényi, quienes creyeron ver en el mito, como dijimos, representaciones de esas mismas verdades fundamentales que hacen a la condición humana.

que tengamos para lograr que esta se cumpla contra todo obstáculo. En este punto, como acabamos de mencionar, parecen coincidir incluso las principales tradiciones religiosas, tanto las abrahámicas como las orientales —al menos tres de las más importantes como lo son la hinduista, la budista y la taoísta—.

Estas tradiciones claramente identifican el dejarnos vencer o engañar por nuestros impulsos y pasiones como un riesgo concreto. La falta o la ignorancia de un principio rector, de un orden, de un sentido trascendente, que sea racional y objetivo y que direccione nuestros pensamientos y acciones deriva necesariamente —y aquí coinciden todas estas tradiciones— en un manojo de impulsos que se sienten con mayor o menor intensidad y que nos dominan y nos dividen en múltiples direcciones.

Lo que sucede, en consecuencia, es que nuestra persona —es decir, nuestro ser libre e intencional, que contempla la realidad con la razón y, en base a esa reflexión, decide sus acciones— pierde el control porque ya no contempla, ni decide, ni acciona. La persona bajo el dominio de sus impulsos solo puede *re-accionar* porque nuestros impulsos y pasiones no son más que reacciones a determinados estímulos —que por supuesto no controlamos—.

Nuestros impulsos, entonces, nos dividen porque no están unificados —no siguen una lógica o razón unificadora que les de su coherencia— sino que son muchos y responden a estímulos dispersos y, con frecuencia, fuertes. Los estímulos surgen de la realidad de una manera arbitraria y misteriosa en un ámbito, podríamos decir, muy parecido al abismo caótico al que se refería Homero. ¿Cuántas veces nosotros, al igual que Osiris, podemos ser engañados por algún impulso que confundimos con (o ponderamos sobre) el sentido último y rector de nuestra vida? Este es el punto que la biblia hebrea repite una y otra vez a lo largo de sus múltiples historias y escritos: al dejar de lado o ignorar ese principio rector y trascendente que nos da un criterio a partir del cual orientamos nuestras vidas y distinguimos la buena de la mala acción —esto es, la acción perfecta que *debemos* realizar (en cada preciso instante) de esa otra que es peor y que, muchas veces, sentimos el fuerte impulso de realizar—, lo que nos queda son impulsos que elevamos a una categoría divina —esto es, que convertimos en ídolos— y que, sin poder controlarlos, nos llevan, dominándonos, antes o después, a situaciones de dolor y sufrimiento.

Del dominio de los impulsos surgen las guerras, la inestabilidad, la esterilidad —en cuanto extinguen las condiciones propicias para la fecundidad, como lo advirtieron los antiguos egipcios—. Del dominio de los impulsos surge la incapacidad de contemplación y reflexión, la pérdida de libertad y, en última instancia, la muerte.

Menciono estos dos relatos mitológicos, probablemente mucho más antiguos que las versiones escritas que nos llegan de ellos, porque muestran claramente que esa necesidad que tenemos por ordenar los hechos que experimentamos en la realidad ha acompañado al hombre desde los comienzos de la civilización. Este simple hecho pone de manifiesto una tensión muy profunda dentro de nosotros.

Ese orden es el que está implícito en la respuesta que cada uno de nosotros tenemos sobre el sentido de la vida. Ese sentido que apunta (con cada una de nuestras acciones) hacia eso que *más nos importa* (y de lo que puede que no seamos del todo conscientes) da valor a las cosas, nuestras vivencias y ordena nuestras prioridades. Básicamente determina nuestra libertad, dándole un criterio a partir del cual podamos hacer un uso racional de ella. Esto es lo que vemos expresado simbólicamente en confrontación entre Osiris y Seth. Aunque la búsqueda por un orden que direccione nuestra libertad lo vemos también en la figura de Gilgamesh, quien se embarca en esa búsqueda luego de sufrir la pérdida de su amigo.

En ambas historias, el héroe que triunfa *ve y comprende* la realidad de una manera coherente y que propicia la vida —alcanza una comprensión que es fecunda—; o puesto de otra manera, el héroe logra reafirmar una comprensión que propicia la plenitud del ser y para el caso específico del *ser* humano esta plenitud no es otra cosa que una vida feliz, perfecta, inagotable y gozosa. El triunfo que el héroe alcanza es el de desterrar el caos y la confusión; algo que solo logra quien, como Osiris, consigue *ver más allá* o, como Gilgamesh, llega a *ver en lo más profundo*.

Estos dos triunfadores mitológicos parecerían exhortarnos fraternalmente a que también nosotros aceptemos el reto y penetremos más allá del horizonte visible en busca de esa tan preciada comprensión, que es desde donde emerge el sentido para nuestra vida.

La mitología sumeria y la egipcia, en las figuras de Gilgamesh y Osiris respectivamente, parecerían decirnos eso, susurrar por lo bajo a todo aquel que quiera escuchar, acá y ahora, miles de años después y muy lejos de donde surgieron sus relatos, que nuestra experiencia consciente no es tan diferente a la de aquellos que los narraron y escribieron. Parecerían decirnos que ellos también tuvieron que lanzarse a la aventura de indagar la realidad y alcanzar, desde lo que investigaron, una cosmovisión, una visión ordenada de la realidad que les diera un sentido fecundo —en tanto promotor de vida—, un sentido motor que les permitiera actuar en la realidad, colaborando, cooperando con ella, para así vivirla en plenitud.

Sin ese sentido fundamental, sin ese orden, parecerían también querer advertirnos, solo quedan partes dispares, visiones incongruentes que se atropellan enmascarando nuestros impulsos más básicos. Porque sin un sentido que nos indique nuestro norte y que trascienda nuestros impulsos, que se suceden sin contención, lo único que queda es justamente eso, nuestros impulsos. Y si redujéramos nuestra existencia a impulsos, aquel que los sienta y los exteriorice con más fuerza dominaría sobre el resto en perpetua lucha.

El resultado sería un estado de guerra indefinido que permanentemente se rebelaría contra sí mismo y terminaría por agobiar nuestra existencia.

Y esto era, justamente, lo que los antiguos egipcios entendían como el dominio de Seth, el dominio del caos, un dominio sin otra voluntad más que la absoluta oscuridad de un abismo tan amplio como sofocante.

La naturaleza inmaterial de nuestra consciencia

En el ámbito de la *filosofía de la mente,* hay dos posturas sobre cómo tratar su principal objeto de estudio que es la consciencia (mente) humana. Por un lado, aquellos que le dan una entidad propia, la entienden como una realidad inmaterial, esto es, que está más allá del espacio y del tiempo (y de las leyes) que rigen la materia. En este sentido la consciencia humana es sobrenatural puesto que no está sujeta (o al menos no enteramente) a las leyes que determinan los fenómenos naturales.

Por el otro lado, están aquellos que la conciben como un efecto secundario (o un epifenómeno) que deriva de causas fundamentales que son, como todo en el universo, claramente materiales. Desde esta perspectiva la consciencia o mente humana es una "ilusión óptica" o "sensación térmica" de la cual se podría prescindir sin que se interrumpa la secuencia causal (fundamental) que determina (y explica) los eventos en la naturaleza. Bajo esta postura, la consciencia humana sería como, por ejemplo, los colores, que son efectos reales pero subjetivos, los experimentamos nosotros como resultado de un fenómeno más fundamental que es su causa, esto es, las ondas electromagnéticas que se reflejan en la superficie de los objetos y afectan nuestros ojos.

Ambas posturas son divisoras de aguas puesto que implican distintas formas (no compatibles) de como comprender la realidad: una, que entiende que hay algo más que la materia y que ese algo más es sobrenatural o metafísico (lit. que va más allá de lo físico o natural); y otra, que circunscribe la realidad a lo material, más allá de lo cual nada existe. La primera postura está abierta a la fe, a la búsqueda de sentido, al *más allá* (o a la *trascendencia*). La segunda, por lógica, no puede aceptar las premisas de la fe ni la existencia de un sentido o fin último (trascendente) puesto que está limitada al *más acá* (a la *inmanencia*).

A continuación te propongo que aproximemos esta cuestión de refilón, de manera tangencial, considerando la posible veracidad de una afirmación tan simple como esta: ***todo lo que podemos conocer de la realidad, independientemente del origen de ese conocimiento, está en nuestra mente pero nuestra mente no está en ningún lugar***.

¿Qué quiere decir esto?, te preguntarás. Es menos complicado de lo que parece. Todo lo que podemos conocer de la realidad que nos rodea, sea que nos lo hayan enseñado o que lo hayamos aprendido solos, acaba como conocimiento que vamos almacenando en nuestra memoria para luego usarlo en nuestros pensamientos y reflexiones. Tanto nuestros pensamientos y reflexiones como el conocimiento en nuestra memoria son parte de nuestra mente. Ahora bien, nuestra mente no es un lugar en el espacio. No hay un orificio que nos permita espiar su interior o alguna entrada por donde podamos extender nuestra mano para tantear qué hay adentro. En nuestra mente no entra la luz del sol, ni el viento, ni el polvo, ni los mosquitos, ni las bacterias, ni cualquier otro microorganismo o partícula subatómica. Nuestra mente está fuera de este mundo o, más específicamente, está más allá de todo lo que es material en este mundo. No está ahí afuera, en el espacio, podríamos decir, con el resto de las cosas que vemos o percibimos. Y si no está en el espacio, está fuera de él.

Acá deberíamos hacer una pausa, puesto que a veces leemos rápido y pasamos de largo algo que debería llamarnos la atención. Si hacemos el intento veremos que lo que leemos es fácil de leer pero difícil de imaginar: ¿cómo sería algo que está *fuera del espacio,* algo que no ocupa lugar? Hablaremos de eso más adelante, por ahora sigamos. Si algo está fuera del espacio carece de dimensiones —o de *extensionalidad,* como les gusta decir a los filósofos—. Algo que carece de dimensiones espaciales, es decir, que no tiene extensionalidad en el espacio, es necesariamente algo *in*-material. Algo inmaterial es algo que no podemos percibir con nuestros sentidos, esto es, no lo podemos ver ni tocar, por ende tampoco lo podemos medir. Algo que no podemos medir es algo que la ciencia moderna no puede estudiar o, al menos, no puede hacerlo siguiendo estrictamente lo que llamamos el *método científico*. Algo que está fuera del espacio, que es inmaterial, invisible e inmensurable, no está sujeto a las leyes naturales —esas que estudian las ciencias naturales—. Por ello, no está sujeto a las leyes fundamentales de la física puesto que la física moderna solo estudia, a partir de la observación y la medición, la materia —esto es, las partículas subatómicas y las cuatro fuerzas o principios que las afectan—.

Entonces, nuestra mente no se puede medir ni es materia. Esto significa que nuestra mente, la fuente de todo nuestro conocimiento y capacidad de pensamiento y de reflexión sobre la realidad —y especialmente esa realidad material y visible que nos es tan familiar—, es algo invisible, inmaterial e inexplicable a partir de las leyes naturales que rigen el universo. Y esta sería ya una proposición o una afirmación que, aunque la mantuviéramos como verdadera solo de manera provisional, debería comenzar a despertar nuestra inquietud y sensibilidad filosófica. Si esta afirmación fuese verdadera, entonces, la experiencia y el conocimiento que tenemos de las cosas naturales dependen de nuestra mente que si bien nos es común y familiar, es al mismo tiempo una realidad esencialmente *sobre*-natural.

Resumiendo, si esta afirmación fuese verdadera, entonces, el conocimiento y la experiencia que tenemos de esas cosas visibles y tangibles a nuestro alrededor, de las que tenemos plena certeza de que existen porque las podemos ver, tocar y medir —y componen la realidad natural de la que somos parte y estudiamos científicamente—, dependen de una "caja negra" que es inaccesible, tanto para el método científico como para nuestros sentidos externos.

Nuestra mente, lo más cercano e indudablemente real que conocemos —al menos así le pareció a René Descartes, quien dudó de todo menos de su capacidad de pensar, es decir, de su mente—, es algo claramente *sobre-natural* y *meta-físico*, conceptos que trataremos más adelante. El punto ahora es que reparemos en esa posibilidad de que nuestra mente, que es como una ventana a través de la cual vemos el mundo y la realidad —podríamos decir un tanto poéticamente—, tenga una naturaleza única y muy diferente al resto de las cosas que, a través de ella, podemos ver y conocer en la realidad. Lo interesante de esto es que, a pesar de que dependemos tanto de ella, rara vez reparamos en su *esencia* y en sus *atributos esenciales*, es decir, en eso que hace que nuestra mente *sea lo que es* y que pueda hacer las cosas que hace.

Pero esta posibilidad de que nuestra mente sea así como proponemos (solo de modo provisorio o hipotético) no es algo que todos comparten. Hay filósofos, científicos e incluso investigadores de disciplinas especializadas en este asunto que no piensan de esta manera. Ellos disentirían con nosotros y nos dirían que nuestra mente está dentro de nuestra cabeza, en nuestro cerebro, más específicamente. Más aún, ellos nos dirían que eso que nosotros llamamos *nuestra mente* —tan convencidos de su existencia, como lo estuvo Descartes— es, a lo sumo, un efecto o un rasgo no necesariamente ilusorio pero si totalmente inconsecuente o irrelevante a cualquier explicación que busquemos de lo que nosotros, los seres humanos, somos y de lo que podemos hacer —sea pensar, reflexionar, escribir poesías o construir civilizaciones, entre tantas otras cosas—.

Nuestra mente sería entonces como el relámpago que vemos o el trueno que escuchamos, ambos fenómenos son reales —no ilusorios o fantasmagóricos— pero inconsecuentes o irrelevantes en la realidad que los causa. Si quisiéramos entender lo que son deberíamos estudiar sus causas reales, es decir, el desplazamiento de las nubes y la naturaleza de la corriente estática.

Siguiendo este razonamiento, quienes sostienen esta postura nos dirían que si quisiéramos entender eso que llamamos *nuestra mente* y descubrir el misterio que nos hace únicos entre el resto de los seres vivos, deberíamos estudiar sus verdaderas causas, a saber, nuestro cerebro. No deberíamos remitirnos, nos dirían, a algo que está más allá de este mundo físico y concreto sino que deberíamos estudiar aquello que la ciencia moderna puede estudiar, es decir, aquello que podemos ver, tocar y medir. Por tanto, deberíamos buscar y estudiar la esencia de nuestra mente en el único lugar donde la podríamos ver, tocar y medir: nuestro cerebro.

Ahora bien, si les hiciéramos caso, entonces nuestra mente sería nuestro cerebro y, en consecuencia, deberíamos poder encontrarla dentro de nuestra cabeza. Pero si un neurocirujano se dispusiera a buscarla ahí, luego de traspasar nuestro cráneo solo encontraría líquido cefalorraquídeo y nuestra corteza cerebral, que es una capa de tejido neuronal plegada varias veces como si estuviera arrugada. Esa cobertura arrugada es la parte más importante de nuestro cerebro y de él depende nuestra mente pero nuestro cerebro no es nuestra mente. Decir que nuestra mente es nuestro cerebro o que nuestra mente está dentro de nuestro cerebro —como tal vez podríamos decir que el agua que empapa una esponja está dentro de la esponja— no tiene sentido. Sería equivalente, podríamos decir, a afirmar que la película que vemos —no solo las imágenes, sino la riqueza de los personajes, la trama, los lugares, etc.— es o está dentro del televisor donde la vemos.

Sin embargo, hay quienes razonan así y sostienen que nuestra mente es como el software que se ejecuta en una súper-computadora que es nuestro cerebro. Otros dicen que apenas empezamos a ver las cosas que nuestra mente puede hacer de manera única —y muy diferente a todo lo que puede hacer el resto de las cosas en la naturaleza— y las comparamos con las cosas que una computadora puede hacer —ni más ni menos que ejecutar reglas simples de manera muy rápida—, se ve claramente como la analogía no funciona.

Independientemente de que este sea o no el caso —y sobre esto se habló y escribió mucho y se seguirá haciendo, puesto que es uno de los debates abiertos más interesantes de la filosofía contemporánea— hay dos apreciaciones que son indiscutibles. La primera es que a la riqueza del contenido de nuestra mente —o sea, ese flujo incesante de pensamientos al que los filósofos también llaman *consciencia*— solo se puede acceder en primera persona; esto significa que solo nosotros podemos acceder al contenido de nuestra mente. La segunda apreciación es que ese contenido nada tiene que ver con el contenido de lo que pasa en nuestro cerebro, esto es, de la serie de procesos y sinapsis neuronales que ocurren en el substrato fisiológico de nuestra mente. Más allá de cualquier correlación que los neurólogos puedan establecer entre ambos contenidos, entre algún pensamiento y algún evento neuronal, queda muy claro que la naturaleza de ambos contenidos es radicalmente diferente.

Imaginate que pasaría si al mismo tiempo que vemos una película quisiéramos ver que pasa dentro de nuestro televisor. Al margen de que eso que vemos dentro de nuestro televisor —circuitos electrónicos, cables y conexiones, metales y plástico, etc.— pudiera correlacionarse con las imágenes y sonidos que vemos en la pantalla y nos pudiera explicar científicamente el proceso por el cual podemos ver la película que estamos viendo, nada en esa explicación podrá decirnos de qué se trata la película. De hecho, lo más probable es que no consigamos ver las dos cosas al mismo tiempo, es decir, o vemos la película o desarmamos el televisor donde la estamos viendo. Más aún, podríamos incluso decir que la película —como algo que claramente existe y que es parte de la realidad que experimentamos— no está en ningún lado.

Lo único que está en un lugar es el substrato físico en el que la película está grabada, un film, por ejemplo, pero eso no es la película. La película es lo que un espectador puede ver y escuchar a lo largo del tiempo en la pantalla de un cine, de un televisor o de cualquier otro dispositivo, pero no es la pantalla ni el proyector, ni las imágenes o sonidos. La película es la correcta secuencia de imágenes y sonidos que se unen solo en la mente del espectador. La persona que la mira decodifica esa sucesión de imágenes y sonidos que está cargada de significado para *re*-crear en su mente —esto es, volver a crear en su mente— lo que esa película es. La película, en este sentido, solo existe como lo que es, una historia rica y cargada de significado en la mente de quien la ve. Nuestra mente recrea y crea cosas en un ámbito fuera del espacio. Y es en ese ámbito donde la película existe.

Más allá de que haya un substrato físico —nuestro cerebro— del que nuestra mente dependa, no hay un lugar donde nuestra mente esté, de la misma manera que no hay un lugar donde una película esté. De hecho, la palabra *cerebro* es perfecta para definir la relación que existe entre el órgano con ese nombre y nuestra mente. Viene del latín *cerebrum* que deriva de la yuxtaposición de dos palabras indoeuropeas, *ker* y *brum*, y que juntas en su significado original refieren a *lo que lleva la cabeza*. La mente, al igual que nuestro cerebro, es lo que lleva nuestra cabeza pero no es nuestra cabeza ni está delimitada por nuestra cabeza. Nuestra cabeza es el receptáculo de nuestro cerebro, el substrato fisiológico (físico) que "arraiga" nuestra mente a un tiempo y a un lugar y al devenir de experiencias sensibles (espacio-temporales) por las que atraviesa nuestro cuerpo.

Sin embargo, ni el tiempo, ni el espacio, ni el devenir de experiencias sensibles —ni la cavidad definida por la estructura craneal de nuestra cabeza— limitan el alcance, la profundidad y la extensión del vasto ámbito por el que se mueve nuestra mente —como sí lo hacen con nuestro cerebro—. Nuestro cerebro es un objeto físico claramente delimitado por el tiempo y el espacio, y sujeto a las condiciones fisiológicas del cuerpo al que pertenece. Esto es, dónde está el cuerpo ahí está el cerebro, y lo que aquel padece le ocurre también a este. No es así con nuestra mente que (extrañamente) trasciende radicalmente nuestra corporalidad —la sobrepasa, como una linterna que un niño, a escondidas de sus padres, enciende debajo de las sábanas y que sin que él lo advierta ilumina todo a su alrededor, el cuarto y hasta el pasillo, ¡desbordando ampliamente los reducidos límites del precario escondite en el que se enciende!—.

A pesar de que nos refiramos a nuestra mente como *nuestro interior* y que describamos las cosas que pasan en nuestra mente en términos espaciales, todo el contenido de nuestra mente está fuera del espacio y, si está fuera del espacio, no hay un lugar en el que podamos decir que nuestra mente esté. Como dijimos hace un momento, todo lo que está fuera del espacio no tiene *extensión* espacial y si no tiene extensión en el espacio —y esto quiere decir simplemente que no ocupa espacio—, entonces no tiene —ni puede tener— materia. Nuestra mente, ese repositorio de nuestro conocimiento con el cual pensamos y reflexionamos sobre la realidad y sobre nosotros como parte de ella, ese ámbito donde empiezan y terminan todas nuestras experiencias conscientes, es algo inmaterial e invisible. Nuestra mente, eso que nos es tan familiar, que incluso si nos presionan un poco podríamos llegar a decir que es, de hecho, la esencia de lo que somos —o al menos, evidencia indudable de que somos, como lo concluyó Descartes— es algo esencialmente sobrenatural.

Por otro lado, como advertimos al comienzo, hay una lógica que es válida detrás de lo que razonan las personas que sostienen que esto que planteamos no es así y que, en su esencia, nuestra mente no es ni más ni menos que nuestro cerebro. Pero debemos saber que esa lógica se sustenta sobre una premisa oculta, esto es, una creencia previa cuya verdad no necesariamente está probada.

Quien así razona asume que la realidad es esencialmente material y se comporta conforme las leyes que afectan la materia. Dicho en otras palabras, la *esencia* o *substancia* —y ya veremos en un momento a qué refieren estos dos conceptos— de la realidad —es decir, de todo lo que existe— es la *materia* que estudia la física moderna. Esto es, la creencia sobre la que se sostiene esta posición es que no puede haber algo *más allá* de la materia —de eso que podemos percibir a través de nuestros sentidos— o, incluso si lo hubiera, eso que está más allá de las cosas materiales no tendría ninguna incidencia sobre la materia y su comportamiento, sería completamente inconsecuente con la realidad de las cosas. Esta creencia no solo no está justificada por la argumentación sino que, además, parecería ir a contramano de varios aspectos evidentes de lo que experimentamos a diario en nuestras vidas, por ejemplo, la experiencia real y subjetiva de nuestra propia mente.

Sobre esto podríamos hablar largo y tendido pero no es el objeto de nuestro estudio y nos desviaría del largo camino que nos queda por recorrer. Lo importante es que tengamos presente, en cuanto investigadores de la realidad, acá y ahora, debemos estar libres de prejuicios y posturas tomadas como esta. La evidente realidad de nuestra consciencia debe alertarnos a la posibilidad de que la realidad es más rica y profunda de lo que podemos ver y tocar; hay una dimensión invisible e intangible que le es fundamental y que está más allá del alcance de las ciencias naturales.

SOBRE LA CÁBALA Y EL TÉRMINO *EIN SOF*

El infinito puede concebirse en dos sentidos. En el primero podemos significar una sucesión de partes discretas (por ejemplo, los números naturales) o una extensión continua (por ejemplo, una distancia) que no tengan principio ni fin. En ambos casos podemos referirnos a una sucesión o extensión que sea infinita en términos actuales o potenciales. Por la primera nos referimos a que toda la sucesión o extensión coexiste en el tiempo o es atemporal. En el segundo caso, la sucesión o extensión avanza en el tiempo, en cuyo caso, tuvo un comienzo pero no un final. Por eso decimos que no es infinita actualmente sino que lo es potencialmente, como si avanzara hacia el infinito. Según la física tanto el tiempo como el espacio son dimensiones (extensiones) potencialmente infinitas, puesto que se expanden o avanzan sin término o fin (lit. *infinito* expresa eso mismo: *sin final* o *fin*). En la realidad natural, física, lo que llamamos el universo, no existe ni puede existir un infinito actual. Su existencia implica, de hecho, contradicciones lógicas en las que no conviene que nos detengamos ahora (además ya las hemos tratado antes).

En el segundo de los sentidos nos referimos a un infinito metafísico (inmaterial, más allá del tiempo y del espacio) de una realidad absoluta que carece de partes y de extensión. En este sentido el infinito se concibe como un *todo absoluto y sin límites,* que trascienda cualquier posible extensión o sucesión dimensional.

En esta concepción, el infinito está presente, si se quiere, a lo largo de cualquier extensión o dimensión, no sujeto a ella, sino en su interior, uniéndola, o por fuera de ella, junto a ella, como si fuera el telón de fondo sobre el que corren todas las posibles extensiones dimensionales.

El infinito, entendido así, estaría igualmente lejos o cerca de lo grande como de lo pequeño, de la partícula subatómica como de todo el universo, del instante como del milenio. Es, por otra parte, en este sentido de ***ilimitación*** en que la filosofía concibe al Ser Absoluto. Este "dios de los filósofos" —como lo llama santo Tomás de Aquino—, ese ser absoluto y necesario, es, ante todo, ***infinito.***

Ahora bien, ¿cómo podemos entender esta idea de infinito? Aca te propongo, amable lector, que me acompañes a sobrevolar algunos conceptos de la *cábala* judía y puntualmente a uno de los términos que se utilizan (como permitidos) para referirse al Ser Absoluto. Me refiero a *Ein Sof,* que de manera literal significa *sin fin, ilimitado* o *sin límites*

Este término me llamó la atención cuando lo leí por primera vez. Por un lado, porque refiere a un término que surge dentro de la cábala, y por otro, porque cuando se habla de lo que significa parece que captura muchos de los rasgos esenciales que desde la filosofía se han llegado a plantear sobre la naturaleza del Ser Absoluto.

La cábala es una corriente mística dentro del judaísmo que busca, al menos desde su costado más *sapiencial,* penetrar el misterio de Dios y de su relación con la creación. En cierto modo, este propósito es semejante (análogo) al que impulsa la *teodicea* (a la que hicimos referencia antes), pero mientras que esta busca acceder a ese conocimiento desde la investigación filosófica, la cábala intenta hacerlo desde la mística. Como bien dijimos, el estudio de esta cuestión —que también emerge dentro de esta tradición, tal vez desde su dimensión más especulativa— es intentar conocer más sobre la relación entre la realidad absoluta e infinita que crea y la realidad contingente y finita que es creada.

El término *cábala* refiere a *recepción* o *trasmisión* y lo que se recibe y transmite es un conocimiento esotérico reservado para rabinos bien formados en el conocimiento de la *Tora* y del *Talmud*. En un principio, uno de los prerrequisitos para adentrarse en el estudio de la cábala era que la persona tuviera más de cuarenta años y una vida ya consolidada de trabajo, familia y estudio de las escrituras. Sin embargo, en los últimos tiempos, algunas enseñanzas de la cábala fueron abriéndose, podríamos decir, al público general. Hoy existen varias publicaciones que divulgan algunas de estas enseñanzas. Por otro lado, dado el objeto y naturaleza de la cábala, es comprensible que se siga manteniendo como una disciplina esotérica y reservada para quienes dedican la vida a su estudio.

Sus orígenes no son claros. Algunos dicen que precede a cualquier otra tradición religiosa y que estuvo presente como práctica desde los tiempos de Abraham. Otros, basados en los datos históricos, sitúan sus orígenes en España, durante el siglo XII, y los asocian a un grupo de libros que surgieron por entonces y que en su conjunto se conocen como el *Zohar*, que significa *esplendor*. Estos escritos son considerados fundacionales a las prácticas y enseñanzas cabalistas. En esos textos se describe, por ejemplo, cómo del Ser Absoluto, *Ein Sof* —*Ein*, que refiere a 'nada', *Sof*, que significa 'límite'—, emanan los 10 *sefirots*, 'atributos' o 'manifestaciones divinas' —algunos de los cuales son *Sabiduría*, *Entendimiento*, *Misericordia*, *Heroísmo* y *Belleza*—, y cómo a partir de estos el Ser Absoluto crea y mantiene la realidad, tanto física como metafísica.

Uno podría decir que en la tradición tomista-aristotélica sobre la cual se sientan las bases para la *teología natural* —y particularmente, para la *teodicea* que mencionamos—, los *sefirots* serían ***análogos*** (bien podríamos decir) a los *predicados perfectos* que aplicaríamos a Dios, esos a los que llegamos por la *vía de la afirmación* o *de la eminencia,* que incluyen los *trascendentales* (por ejemplo, *Verdad, Bondad* y *Belleza*) de Aristóteles y que Edith Stein llama *esencialidades*.

Entre los rabinos cabalistas más conocidos encontramos a Azriel de Gerona, nacido en esa ciudad en el año 1160, a quien se le atribuye haber desarrollado el concepto de *Ein Sof*; a Nahmánides o Rambán (un acrónimo que refiere a Rabi Moshe ben Nahman), nacido también en Gerona en 1194 y que se cree fue discípulo de Azriel; a Moisés Cordovero, nacido en Córdoba en 1522; y a Isaac Luria —tal vez el más conocido de todos ellos— nacido en 1534 en Jerusalén, discípulo de Cordovero y a quien también se lo conoce como el Arizal (que significa *León* o *santo León*). Al igual que su maestro Cordovero, Arizal buscó sistematizar una interpretación de la cábala, pero la que propuso fue radical y de alguna manera hizo que el estudio de la cábala se volviera más accesible.

Según la interpretación de Luria, *Ein Sof,* en su divina simplicidad, *ocupaba* toda la realidad y en un acto de divina auto-revelación, la Luz de *Ein Sof* o Luz Infinita, *Ohr Ein Sof,* brilló interiormente antes de la creación. En su interior, la Absoluta Unidad de *Ein Sof,* que *no es cosa alguna* —y que nada sobre su ser absoluto se puede decir o afirmar con palabras ni nada que tenga límites puede existir en su interior—, se *contrae* o se *retira, Tzimtzum,* creando lo que metafóricamente (esto es, ***analógicamente***) llamaríamos un *vacío* (no espacial), *Khalal,* o un *espacio vacío* (nuevamente, en términos metafóricos), *Makom Ponui.*

Pero este ámbito existencial primigenio no estaba totalmente vacío, sino que retenía una suerte de impresión de realidad, *Reshima,* como cuando un vaso con agua se vacía y retiene la humedad del agua que en él se contenía. La Luz Infinita, *Ohr,* entonces brilló internamente, pero con una luz contenida, atenuada, *Kav,* en el centro del vacío primigenio dando forma a las *diez emanaciones divinas* o *sefirots.* La dinámica de la creación divina en la que una realidad infinita da existencia a una realidad finita, nos dice la cábala luriana, debe implicar un proceso en que, de alguna manera, el poder o la intensidad de la infinitud sea contenida para que la finitud pueda existir.

Esta dinámica se expresa metafóricamente (o simbólicamente) en términos de *luz* y *vasijas:* la *luz creadora, Kav,* ya atenuada de sus cualidades infinitas, se vierte en las *diez vasijas,* ordenadas unas sobre otras, de un nivel superior más próximo a su fuente a uno inferior más próximo a la realidad creada, de la que nosotros somos parte. La luz creadora se vierte sobre la primera vasija y, a medida que esta se llena, deja que la luz que de ella rebalsa fluya hacia la siguiente. Cada vasija decanta o descompone —como un prisma— algún atributo implícito en la luz creadora. Pero las vasijas no pueden contener la intensidad de la luz y, a medida que esta se aproxima a los niveles inferiores, ocasiona, propone Luria, que las últimas siete vasijas o *sefirots,* se rompan, *Shevirat HaKeilim.*

Como resultado, los pedazos de las vasijas rotas caen sobre la tierra, dispersándose en todo lo que existe, manteniendo en ellos, sin embargo, una chispa de la luz creadora. En la visión luriana, cada individuo tiene una misión y es la de colaborar con la *rectificación* o *Tikún* del mundo, liberando en cada buena acción y obra las chispas de luz divina para que se reconstituyan las vasijas rotas.

Nos dicen los estudiosos del judaísmo que esta visión de la realidad, que surge desde el seno del misticismo judío, ha prevalecido y permeado las principales corrientes del judaísmo contemporáneo. Contrasta, sin embargo, con la visión que tenía Rambam (con *m* al final, puesto que refiere al acrónimo para Rabi Moshe ben Maimon), Maimónides, quien fue influenciado por la filosofía de nuestro querido Aristóteles y quien a su vez influenció a pensadores árabes como Avicenna y Averroes y, a través de estos, al propio santo Tomás de Aquino.

Maimónides promovió una interpretación racionalista de las escrituras y, de alguna manera, se opuso a la corriente mística cabalista dentro del judaísmo. Nosotros, sin embargo, como investigadores filosóficos, podemos apreciar, al menos de forma tangencial, algunos de los conceptos e ideas (por ejemplo, la idea de *ilimitación* que se nos expresa con el término *Ein Sof*) que parecen revelarse dentro de esta tradición y que parecerían estar en línea con algunos de nuestros descubrimientos, a medida que avanzamos por nuestro propio camino.

Vale que volvamos a mencionar el paralelo que encontramos entre el concepto de *Ein Sof,* que nos llega desde la especulación cabalista, y esto que acá concluye el narrador. Este concepto, como ya vimos, nos refiere a la idea de que el Ser Absoluto no es una cosa, en el sentido de que no tiene la limitación que demarca ese *principio de unidad* que se menciona al comienzo de la investigación.

El Ser Absoluto es la *Substancia Primera,* nos dice Aristóteles, y es la *Esencia del Ser* o el *Ser en Esencia,* nos dice santo Tomas de Aquino. Claramente, es un *algo primordial* del que toda existencia depende, pero su entidad es única en el sentido de que no está delimitada. No hay algo (no puede haber) que no dependa de él para existir —y decimos esto, no desde una creencia o desde una ideología, sino desde la filosofía y la lógica—.

Solo puede existir un único Ser Absoluto (una sola existencia independiente o incondicionada) que sea la fuente de toda existencia y su ser o existencia necesariamente debe ser ilimitada. El concepto de *Ein Sof,* como ya mencionamos, nos refiere a esto mismo: el Ser Absoluto es una *no-cosa* —o está por sobre toda entidad o cosa limitada que existe—. Y esto es lo mismo que decir que su ser *no tiene límites* o que es *ilimitado*.

Permitíme, antes de concluir, que asocie este concepto de *Ein Sof* con un fragmento de Plotino donde se nos describe al *Uno*. Este filósofo griego nacido en Egipto en el año 205, que vivió y estudió en Alejandría, es conocido, junto con su profesor Amonio Saccas, como uno de los fundadores o padres del *neoplatonismo,* corriente filosófica que desarrolla su postura sobre las ideas y el proyecto filosófico de Platón.

Los escritos de Plotino nos llegan a través de un estudiante suyo y prolífico escritor llamado Porfirio, quien los compiló en una serie de volúmenes conocidos como *Las seis Enéadas* o *Las Enéadas*. Porfirio también publicó una biografía de su maestro. De esta biografía y de *Las Enéadas* es como conocemos la vida y obra de Plotino.

Nuestro querido san Agustín se encuentra entre aquellos que estudiaron cuidadosamente estos trabajos. De *Las Enéadas* existe una traducción al castellano hecha por el sacerdote jesuita Jesús Igal Alfaro, un reconocido filólogo y profesor de filosofía antigua. Esta publicación contiene valiosas introducciones, referencias y notas explicativas. Es una gran fortuna contar con esta edición, publicada con esmero y sapiencia en tres volúmenes, que está disponible en Internet.

De las propias palabras de Plotino sobre el final de su extensa obra, que para nosotros compiló Porfirio y que con dedicación traduce nuestro querido profesor Igal, leemos:

> El **Uno**, en cambio, ni es inherente a un sujeto distinto ni es indiviso al modo de lo mínimo, pues es el máximo de todos, no en magnitud, pero sí en fuerza. **De donde resulta que también es lo inextenso**

en fuerza. [...] Y también hay que concebirlo como infinito no por irrecorrible de la magnitud o del número, sino por lo inabarcable de su potencia. [...] Por la autosuficiencia del Uno es posible concebir, asimismo, su unidad. [...] Si, pues, ha de haber algún autosuficientísimo, ese debe serlo el Uno, pues solo él es tal que no es deficiente ni con respecto a sí mismo ni con respecto a los demás.

En efecto, el Uno no busca nada ni para ser, ni para estar en buen estado ni para sostenerse. Siendo causa para los demás, no recibe su ser de los demás. Y respecto a su buen estado, ¿puede haberlo para él fuera de él? Su buen estado no le es accidental: él mismo es su buen estado. Tampoco está en un lugar: no necesita sostén cual si fuera incapaz de llevarse a sí mismo. Además, para ser sostenido hay que ser masa inanimada, que cae si no ha sido sostenida todavía. Además, él es el sostén de las demás cosas, que por él subsisten tan pronto como ocupan el lugar al que fueron asignadas. Además, lo que busca lugar, es que está falto.

Ahora bien, el principio no está falto de los siguientes a él, y el Principio de todas las cosas no está falto de ninguna: lo que está falto está falto porque anhela su principio. [...] De donde se sigue que el Uno no tiene bien; luego tampoco deseo de nada: es un Bien Supremo; no que él mismo sea un bien para sí mismo; lo es para las demás cosas, si alguna puede participar de él. (PLOTINO. *Enéadas: libros V y VI*. Jesús Igal Alfaro, trad. Madrid: Editorial Gredos, 1998. Págs. 544, 545 y 546). [El resaltado es nuestro].

EL ERROR DE DESCARTES

De Rene Descartes nos es ya por demás conocido su remate: *cogito, ergo sum* ("pienso, luego existo"). Sin embargo, este cierre de argumento no fue inmediato dentro del camino de duda metódica que él siguió. Antes de concluir su existencia, luego de aceptar como indudable el hecho de que él pensaba, tuvo el cuidado de reconocer que del hecho de pensar no podemos concluir que existimos, sin agregar algo más a la actividad de pensar.

Por eso, cuando él asume lo indudable que es nuestro pensamiento, ese acto de pensar, lo que concluye es que, a lo sumo, sólo podemos decir que somos *una cosa que piensa* o *una realidad pensante*. Cualquier otra conclusión que queramos agregar luego sobre la naturaleza de esa substancia pensante que somos puede ser dudada. Eso es lo que literalmente significa *res cogitans*, "cosa pensante" o "realidad pesante". Es lo máximo que podemos decir que somos sin entrar en el terreno de lo dudable. Descartes aborda esta cuestión en la cuarta parte de su famoso *Discurso del método* y las palabras que escribe fueron seminales, es decir, sentaron el germen que dio comienzo a otra forma de investigar la realidad, a la *actitud moderna* sobre cómo aproximar el objeto de estudio que luego se consolidó en el *método científico*. Fueron también, nos dicen algunos que apelan a la fenomenología o a la antropología de la tradición cristiana, el comienzo de un error epistemológico que redujo el conocimiento a todo lo que se expresa en conceptos, puesto que para Descartes nuestro pensamiento es la base de todo conocimiento.

Pero ¿realmente lo és? Este filósofo pone una cuña entre el cuerpo y la mente, dando precedencia a la última por sobre la primera en cuanto fuente de conocimiento. Y es de esta separación entre la mente, por un lado, y lo corpóreo o material, por el otro, que surgirán, luego, dos posturas modernas sobre el origen del conocimiento: el *racionalismo* y el *empirismo*. Pero no conviene que nos detengamos en eso ahora. Lo importante es notar que esta separación entre lo mental y lo material o entre la idea y la realidad promovida por la postura cartesiana tuvo como resultado que la realidad material y exterior, objetiva, de la que el cuerpo es parte —y que diríamos antecede a todo pensamiento— quedara relegada y de alguna manera oculta o pasara a un segundo plano.

Muchas ideologías o posturas sobre la realidad en las que se prioriza una idea o una creencia y que, de alguna forma, dan lugar a una suerte de relativismo —particularmente en estos tiempos posmodernos— aceptan esta premisa como verdadera. En la tradición fenomenológica que comienza con Husserl, vale decir, surge un filósofo como Maurice Jean Jacques Merleau-Ponty que nos enseña con ejemplos muy concretos que no podemos entender la mente ni cómo esta llega a conocer si no aceptamos y entendemos que es inseparable del cuerpo en el que subsiste. Antes de entender las cosas de manera conceptual, las experimentamos físicamente por el solo hecho de que estamos conectados con ellas físicamente, corporalmente, en la realidad.

La tradición cristiana, por su parte, presenta en el centro de su doctrina una antropología del hombre según la cual la mente o el alma es inseparable del cuerpo. El ser humano no es un ser puramente espiritual, como lo afirman las corrientes gnósticas o incluso algunas tradiciones orientales. Para el cristianismo, el ser humano es un ser encarnado y su cuerpo es tan esencial como su espíritu. Desde esta perspectiva, tanto para la tradición cristiana como para la más reciente fenomenología, el conocimiento y la verdad que llegamos a conocer en nuestra experiencia de vida, en el ser y en permanecer en el mundo, exceden ampliamente lo que podemos capturar en un conocimiento conceptual. Consecuentemente, esta perspectiva también plantea que el proyecto que sostiene que la inteligencia artificial puede algún día replicar una consciencia humana es imposible, no por falta de capacidad computacional sino porque una consciencia humana sólo puede serlo "dentro" de un cuerpo humano —o tal vez, sería más apropiado decir, *encarnada* en un cuerpo humano—.

El texto de Descartes, simple y breve, tiene entonces un atractivo especial no sólo por su valor filosófico sino por la importancia decisiva que ha tenido en la historia humana, que hasta el día de hoy sigue bajo su influencia.

Otro dato interesante sobre este texto es que no fue escrito en latín sino en el idioma vernáculo de Descartes que era el francés. El latín era considerado la lengua de los intelectuales. Descartes promovió el modernismo y la democratización del estudio no sólo desde el contenido del texto, sino también en la forma en que fue publicado y difundido. El famoso *"cogito, ergo sum"* en realidad fue antes *"Je pense, donc je suis"*. La versión en latín sólo nos llega así por una traducción posterior "formal y seria" hecha por alguien más para que la obra pueda finalmente recibir la debida atención de los intelectuales de la época.

Sin más, creo que vale la pena leer un fragmento del *Discurso*, tal vez, uno de los fragmentos más famosos de la historia de la filosofía:

[...] pero deseando yo en esta ocasión ocuparme tan sólo de indagar la verdad, pensé que debía hacer lo contrario y rechazar como absolutamente falso todo aquello en que pudiera imaginar la menor duda, con el fin de ver si después de hecho esto, quedaría en mi creencia alguna que fuera enteramente indudable. [...] resolví fingir que todas las cosas que hasta entonces habían entrado en mi espíritu no eran más verdaderas que las ilusiones de mis sueños. [...] Pero advertí luego que, queriendo yo pensar, de esa suerte, que todo es falso, era necesario que yo, que lo pensaba, fuese alguna cosa; y observando que esta verdad: "**yo pienso, luego soy**", era tan firme y segura que las más extravagantes suposiciones de los escépticos no son capaces de conmoverla, juzgué que podía recibirla, sin escrúpulo, como el **primer principio de la filosofía** que andaba buscando. [...] Examiné después atentamente lo que yo era, y viendo que podía fingir que no tenía cuerpo alguno y que no había mundo ni lugar alguno en el que yo me encontrase, pero que no podía fingir por ello que no fuese, sino al contrario, por lo mismo que pensaba en dudar de la verdad de las otras cosas, se seguía muy cierta y evidentemente que yo era, mientras que, con sólo dejar de pensar, aunque todo lo demás que había imaginado fuese verdad, no tenía ya razón alguna para creer que yo era, conocí por ello que **yo era una sustancia cuya esencia y naturaleza toda es pensar**, y que no necesita, para ser, de lugar alguno, ni depende de cosa alguna material; de suerte que este yo, es decir, el **alma por la cual yo soy lo que soy, es enteramente distinta del cuerpo**." (DESCARTES, RENE. *Discurso del Método*. Madrid: Espasa Calpe, 1995. Págs. 67 y 68)

Vale también mencionar que el punto de partida indudable del que comienza Descartes ya lo había demarcado nuestro querido san Agustín unos trece siglos antes, sólo que él sí lo escribe en latín y de una manera, podríamos decir, un tanto más jocosa. Agustín razona que él, como buen filósofo, se equivoca y erra, entonces está claro que existe: *Quid si falleris? Si enim fallor, sum. Nan qui non est, utique nec falli potest, ac per hoc sum, si fallor* ("¿Y si te engañas? Pues, si me engaño, existo. El que no existe no puede engañarse, y por eso, si me engaño, existo."). (SAN AGUSTÍN. *Ciudad de Dios*, Libro XI, 26).

LIBERTAD MÁS DETERMINISMO IGUAL COMPATIBILISMO

En filosofía el tema de la libertad se aborda desde diferentes ámbitos y de manera más o menos implícita está presente en toda filosofía que pretenda dar cuenta qué es la realidad y cuál es la posición que el ser humano ocupa dentro de ella. Las posturas sobre la libertad —es decir, sobre nuestra capacidad, sea real o ilusoria, de decidir sobre nuestras acciones y, en consecuencia, de ser (o no) responsables por ellas— pueden agruparse en tres campos: ***determinismo***, ***libertarismo*** y ***compatibilismo***.

El *determinismo* es la postura que sostiene que todo lo que ocurre está determinado por causas anteriores y, en consecuencia, nada de lo que los seres humanos pueden pensar, decidir o hacer es resultado realmente de su *libre albedrío,* sino de causas previas. Todos los actos humanos están, en última instancia, determinados. Si alguien se fue de vacaciones a París lo hizo porque se dieron las condiciones necesarias y precedentes para que así ocurra. Lo que esa persona cree que es un acto de libre elección en realidad es el resultado de condiciones previas que determinaron que ella tenga el deseo de ir a París, que ir a París fuese una opción y que, eventualmente, esa opción pueda efectivizarse.

Creer en el determinismo es aceptar que en la realidad en la que existimos nada puede ser un agente, es decir que nada puede espontáneamente iniciar un movimiento. Todo movimiento está *pre*-determinado (determinado *previamente*) por condiciones anteriores. Decir que algo puede ser *espontáneo* es decir que *no tiene causas* anteriores que lo predeterminen. En cierto modo, poniéndolo en los términos que se han utilizado en esta investigación, alguien que sostiene una postura determinista de la realidad sostiene también que la contingencia no existe o no es posible. Todo lo que pasó necesariamente debió pasar, exactamente así como pasó. Las cosas que son no pudieron haber sido de otra manera distinta a la que son. La persona que sostiene el determinismo sostiene también que los cambios y todo movimiento en la realidad, la cual claramente vemos en constante movimiento y cambio, ocurren conforme leyes y principios inmutables y necesarios que hacen que todo sea o exista de una sola manera posible, esa en la que son o existen.

En la vereda contraria al determinismo se posiciona el *libertarismo* que acepta que la realidad está en gran medida determinada por causas previas, pero dentro de ese flujo de causalidad existen *agentes* como los seres humanos que son capaces de actuar espontáneamente, fruto de su capacidad de ser causas (indeterminadas) de movimientos. Los seres humanos pueden, a diferencia del resto de las cosas y seres vivos en la realidad, pensar, decidir y actuar *libremente,* sin que estas facultades estén totalmente determinadas. Los seres humanos tienen un margen de acción libre que es innegable y que forma parte de su esencia.

Del contraste entre las posiciones *deterministas* y *libertarias,* es decir, si los seres humanos son o no realmente capaces de ser agentes, de tener margen de libertad de acción en una realidad causalmente determinada, surge otro debate que es el de la ***responsabilidad moral*** o ***ética*** por las acciones que los humanos realizan. Si efectivamente todo está determinado, entonces sus acciones libres son imposibles y, en consecuencia, no se puede afirmar que en última instancia sean responsables por lo que hacen. Y en esto coinciden tanto libertarios como deterministas. Ambos grupos concuerdan en que si no hay libertad de acción no hay tampoco responsabilidad moral posible.

Básicamente, ambos afirman que hay *incompatibilidad* entre el determinismo y la responsabilidad moral. Sin embargo, hay quienes están en desacuerdo y, por tanto, mantienen posturas llamadas ***compatibilistas*** puesto que argumentan que puede existir una realidad última totalmente determinada y aún así los humanos tendrían un cierto rango de libre acción del que se sostendría su responsabilidad moral. Estas posturas son tan diversas como los argumentos que elaboran para sostener esta *compatibilidad* entre dos proposiciones que, a todas luces, parecen ser claramente incompatibles. Pero creo que quien hasta acá haya generosamente acompañado al narrador en esta aventura, podrá por sí solo investigar esas posturas y sacar sus propias conclusiones sobre su validez.

Mucho hay escrito sobre esta cuestión —cosas buenas y verdaderas y cosas descabelladas— y cualquier avance en alguno de los argumentos que se proponen nos adentraría en un debate interminable. A menudo afirman que para definir si uno es *determinista* o *libertario* la pregunta que debe hacerse, mirando hacia los actos que realizó en los últimos diez minutos, es ¿podría haberlos hecho de alguna manera distinta a la que los hizo? Creo que la pregunta que debemos hacernos es todavía más evidente que esa: ¿podemos realmente decidir sobre lo que estamos por hacer en este mismo instante?

Lo que el narrador plantea es saludable y alentador. Antes de sentarnos a debatir si la libertad humana es real o ilusoria, debemos reconocer que un hecho fundamental de nuestra experiencia consciente es que los humanos nos *experimentamos* como seres libres. Es un hecho también, según el narrador, que las facultades conscientes son impensadas sin una *libertad* que dirija la *intencionalidad*. En términos un poco más técnicos, la discusión sobre la libertad tradicionalmente se centra en un plano *ontológico*, es decir, se discute si la libertad que experimentamos es real, si es un aspecto fundamental de la realidad, o si es ilusoria. Sugerimos en cambio que el debate se plantee en un plano *epistemológico*, es decir, reconociendo que la libertad es una condición necesaria para que incluso experimentar y percibir la realidad en la manera en que lo hacemos sea posible. Esto es, nuestros actos más fundamentales como percibir, pensar y reflexionar sobre la realidad, para eventualmente llegar a conocerla y entenderla, son sólo posibles a partir de nuestra libertad.

Nuestra capacidad de entendimiento y conocimiento tiene como prerrequisito, diríamos, nuestra libertad. Según el narrador, la *libertad* junto con la *intencionalidad,* son precondiciones necesarias para la experiencia consciente humana y para todo lo que a partir de esta los humanos logran hacer.

Frankl, Aristóteles y Ratzinger sobre el sentido de la vida

Viktor Frankl, psiquiatra y neurólogo austríaco, es autor del famoso libro *El hombre en busca de sentido*, en el que narra (y analiza) su experiencia como prisionero en los campos de concentración durante la Segunda Guerra Mundial. Allí Frankl nos relata esos horrores con la agudeza y compasión de quien los ha padecido en carne propia y ha llegado a conocer las profundidades del ser humano.

A partir de las reflexiones en ese libro, Frankl comienza a desarrollar su *logoterapia* —o como él mismo nos la presenta, "la Tercera Escuela Vienesa de Psicoterapia"—. Esta escuela propone que en el hombre hay una esencial *voluntad de sentido*, es decir, la búsqueda (o el deseo fundamental) de un sentido trascendente para su vida. Según Frankl, sólo cuando el hombre descubre su sentido es que puede comenzar su camino hacia una vida plena. Sus experiencias en los campos de concentración, nos cuenta Frankl, le mostraron que aquellas personas con mayor resiliencia y voluntad para seguir viviendo a pesar de padecer los mayores sufrimientos eran aquellas que tenían presente un sentido para sus vidas, un "para qué" que las impulsaba a seguir adelante.

El testimonio de Frankl y su marco teórico, promovido desde la psiquiatría, constituyen un punto de referencia importante para cualquiera que se haya embarcado, junto al narrador, en esta aventura de pensamiento, cuyo eje central no es otro que la búsqueda del sentido de la vida. Encontrar ese sentido es poder explicar el fin o el propósito de la vida en general y de nuestra vida en particular. En este último caso es poder responder la pregunta del porqué, del "para qué" hacemos las cosas que hacemos. Pero para poder encontrar ese porqué, primero tenemos que encontrar el porqué de la realidad de la que somos parte, que como ya se verá, es encontrar nuestro propio porqué, y encontrar nuestro porqué, lo repetimos, es encontrar nuestra razón de ser, el sentido de nuestra vida.

Si no queremos ser como el Barón de Münchhausen[10] al que hace referen-

[10] Se dice de él que logró salir del pantano donde se encontraba tirándose de sus propios pelos. Este caricaturesco personaje del folclore alemán posee un temple similar al de nuestro conocido Quijote; aunque, vale decir, a diferencia de este, las absurdas hazañas de aquel están movidas más por la torpe vanidad que por la férrea obediencia a una moral en desuso. Sus andanzas tienen una raíz histórica en las aventuras de un noble que, a mediados del 1700, luego de volver de sus incursiones militares contra los rusos y los turcos, las cuenta sin modestia, tal vez, incluso exagerándolas un poco, o mucho, o lo suficiente como para

cia Ratzinger, debemos buscar ese sentido fuera de nosotros, debemos descubrirlo en la realidad objetiva. De nada nos sirve crearlo, puesto que nada que nosotros creemos tiene sentido más allá del que nosotros le damos. Pero el sentido que nosotros podemos darle a las cosas es subjetivo y no necesariamente nos dice algo sobre el verdadero sentido, objetivo, de las cosas. Decir que nosotros podemos darle sentido a nuestras vidas, crear un sentido, un propósito, es decir que el sentido de la vida es algo subjetivo, crea-

---

valerle la atención de sus conciudadanos y, en especial, la del afamado coleccionista, científico y escritor, Rudolf Erich Raspe. Este, quien también gozara de un temperamento un tanto aventurero y fantasioso, quizás movido por algún sentido de afinidad y camaradería, ya exiliado en la remota Irlanda (el último de otros destinos, a los que llegó para escapar de sus acreedores), las publica en el *best seller* de su época, *Relato que hace el barón de Münchhausen de sus campañas y viajes maravillosos por Rusia.*

do, cambiante y arbitrario. Pero algo así no sería el sentido de la vida, eficaz y vital, al que se refieren tanto Frankl como Ratzinger, y al que esta investigación está dedicada. No estamos hablando de crearnos o imaginarnos razones para vivir, puesto que éstas no sirven para darnos fuerzas cuando la vida se vuelve justamente en contra de todas nuestras razones. Crear nuestra propia razón de ser, "darnos" nosotros mismos un sentido para nuestra vida, conforme nos lo permita nuestra imaginación, sensibilidad o voluntad, sería una empresa tan tirada de los pelos como esa que, literalmente, emprendió el Barón de Münchhausen.

Sería igual de ingenuo a proponernos erigir un tótem al cual podamos rezarle (esto es, hacerlo el centro de nuestra vida) y ofrecerle sacrificios (orientar nuestras acciones más importantes hacia él), esperando que ese pedazo de madera pintada nos diese una vida mejor (esto es, un orden, criterio o principio que nos permita ordenarla). Ese ídolo, tal vez, funcionara para motivarnos a esforzarnos más en nuestras actividades, pero si de pronto nos sobreviniese una tormenta lo suficientemente fuerte, probablemente el viento lo arrancaría y se lo llevaría volando. La ilusión se rompería, no desilusionaríamos y, peor aún, nos desesperaríamos, puesto que perderíamos el objeto en el que habíamos depositado nuestra la esperanza. Volveríamos, entonces, a la soledad del sinsentido, imaginando algún otro propósito o sentido artificial para plantar en el centro de nuestra existencia.

Volveríamos a intentar justificar racionalmente algún nuevo principio lo suficientemente sólido y robusto como para impulsar nuestros sacrificios y ordenar nuestras acciones, esperando (a cambio) que transforme nuestras vidas, haciéndola plena, bienaventurada, feliz. Volveríamos a depositar nuestra esperanza en un ídolo que tenga el poder de transfigurarnos, elevándonos por sobre nuestra naturaleza, limitada, perecedera y, en mayor o menor medida, condicionada por el sufrimiento. Pero tal principio artificial, creado, diseñado por nosotros para ser infalible no existe porque nada hecho por nosotros puede ser perfecto y resistir todas las tormentas. Antes o después algún rayo caerá sobre él y lo quebrará o algún viento fuerte lo arrancará, lanzándonos de nuevo fuera de ese paraíso ilusorio a deambular perdidos por el laberinto del sinsentido, luego de descubrir la incoherencia y arbitrariedad de ese sentido "último y absoluto" que creíamos habíamos podido crear exitosamente a base de nuestro saber (fáctico y demostrable) y de nuestra técnica. Si la filosofía, la buena filosofía, nos enseña algo es que así no se logra satisfacer nuestra necesidad de sentido, no se logra satisfacer ese deseo fundamental (esencial, muy humano) de trascendencia, de ese "algo más" fuera de nosotros al que Frankl hace referencia.

Precisamos un tótem verdadero que tenga la potencia no de soportar el viento sino de dominarlo, como quien con la autoridad de su palabra logra que este le obedezca. Y un tótem verdadero es uno que no podemos crear sino que se nos da, que lo recibimos. Implica un sentido profundísimo, un *logos* inagotable, una dirección que nos saca fuera de nosotros mismos, fuera de ese ámbito de subjetividad inestable, sin soporte firme —y que es de hecho como un pantano o ciénaga en el que todo puede hundirse y quedar suspendido indefinidamente—. Implica una noción que está más allá de ese *saber demostrable de la factibilidad* que nos enseñan las ciencias y que sólo describen la materia y su movimiento (el cómo) pero que nada dicen, ni pueden decir, sobre el porqué o el "para qué" de las cosas.

El biólogo Richard Dawkins suele contar en sus intervenciones públicas una anécdota en la que su colega Peter Adkins, luego de dar una charla en el Castillo de Windsor (una de las residencias de la monarquía británica) es interpelado por el príncipe Felipe: "Ustedes los científicos son muy buenos para responder la pregunta del 'cómo' pero, ¿qué me dice de la pregunta del 'porqué'?". A lo que Adkins —quien con frecuencia es tanto o más sarcástico que Dawkins— le responde: *"The 'why question' is a silly question!* [¡la pregunta del porqué es una pregunta tonta!]". En inglés la respuesta tiene una cierta rima y tono chistoso, en castellano suena un tanto más cortante. Sin embargo, Adkins y Dawkins, más allá de las formas, en ese punto tienen razón. Es justamente eso lo que también plantea Ratzinger. La ciencia, ese *saber demostrable de la factibilidad* (de los hechos naturales), nada tiene para decir del sentido o del propósito —del porqué— de las cosas.

Para Aristóteles, el sentido (fin o *teles*) de las cosas era su ***causa teleológica***, esa que nos habla de su propósito. Todo lo que existe tiene una teleología, tiene un propósito, pero descubrirlo o especular sobre ese propósito no es asunto de las ciencias. La ciencia nada puede "ver" (o especular sobre) propósitos, puesto que los propósitos implican una intención, un diseño, un significado, todas categorías invisibles a los ojos de los científicos. Lo son como consecuencia directa del propio método y presuposiciones que la ciencia debe aceptar poder avanzar con la eficacia con la que lo hace. Y está bien que esto así sea. El problema aparece, creo yo, cuando le queremos pedir peras al olmo, es decir, cuando lo que queremos, como pretendía el príncipe

Felipe, es pedirle a la ciencia cosas que la ciencia no nos puede dar.

La ciencia nos puede explicar ***cómo*** las alas de los pájaros deben ser para que estos puedan volar o ***cómo*** es que las montañas se forman, pero nada nos puede decir sobre el propósito o el ***porqué*** de los pájaros y de las montañas, esto es, ***para qué*** existen o si tienen algún sentido trascendente. Mucho menos puede la ciencia decir algo sobre nuestro porqué o para qué, sobre el propósito o el sentido de nuestra existencia. Ese sentido que buscamos debe venir, nos dice Ratzinger (y con él coincide plenamente Frankl), de una explicación coherente y comprensible de la realidad pero que se extiende más allá de los confines de la ciencia. Esa explicación debe respondernos sobre el porqué de la realidad, es decir, su propósito. Y es sobre ese propósito o porqué de la realidad, coherente y consistente con todo lo que la ciencia nos dice y con lo que podemos observar y razonar Si la realidad es sólo la realidad natural que nos describen las ciencias, deberíamos coincidir con lo que nos dicen Adkins y Dawkins, la pregunta del porqué es una pregunta tonta (no sólo dentro de la óptica científica sino en general). Deberíamos, por tanto, enfocar nuestros esfuerzos en pasarla lo mejor posible durante el tiempo que dure nuestra inconsecuente, efímera e insignificante vida.

Preguntémonos entonces: ***¿es la realidad natural todo lo que existe?*** Formarse una cosmovisión de la realidad implica indefectiblemente responder esta pregunta. Esta es la base donde podemos pararnos para acceder a un sentido trascendente para nuestras vidas. Lograr esto es lograr una cosmovisión verdadera (y coherente, ordenada) de la realidad a partir de la cual derivar el sentido para nuestras vidas. Esa base o cosmovisión necesariamente debe en su profundidad y extensión estar más allá de lo que nosotros podemos "ver y comprender", articular acabadamente con nuestro lenguaje, porque si la realidad última de las cosas se circunscribe a lo nosotros podemos "ver y comprender", a lo que nosotros podemos capturar en un tratado científico-filosófico, a lo que nos pueden explicar las ciencias naturales y nuestra capacidad de inferencia, entonces tanto la realidad última de las cosas como el sentido de nuestra vida (que podríamos derivar de ella) serían algo limitadísimo, inmanente, cambiante e imperfecto. Nada por lo que en última instancia, diríamos, valiera la pena hacer grandes sacrificios.

Sobre el Nombre

El *Shema* es la oración más importante de la tradición judía. "*Shema*" es la primera palabra hebrea con la que empieza el versículo cuatro del capítulo seis del *Deuteronomio*, de donde provienen las palabras de esta oración. Es, en cierto modo, el símbolo distintivo por el que se reconoce a todo judío piadoso, como lo es para el cristiano el *Padre Nuestro* o el *Credo*.

Las palabras del *Shema* en castellano se leen así, "***Escucha*** [***Shema***], *Israel: el Señor, nuestro Dios, es el único Señor. Amarás al Señor, tu Dios, con todo tu corazón, con toda tu alma y con todas tus fuerzas*" (*Deuteronomio*, 6. 4-5). Es interesante, por otra parte, aproximarnos a esta oración, central al judaísmo, desde la filosofía. Para eso debemos, como lo haríamos con toda oración o texto que se analiza desde afuera de la tradición en la que emerge y cobra profundo sentido, "decodificarla" o "traducirla" en palabras que nos ayuden a aproximar ese significado profundo desde la óptica de quien lo mira desde afuera, alguien que no tiene acceso directo a ese trasfondo de simbolismo y significado que existe en la consciencia de toda persona que vive inmersa en esa tradición —que la vive desde adentro—.

Toda oración, y en particular esta que es tan fundamental, es entre otras cosas una manifestación o expresión de un principio que se acepta desde la consciencia como verdadero y que en la consciencia de la persona que lo acepta revela todas sus profundas implicancias, al punto de tener un peso efectivo (eficaz, real) en las decisiones y acciones que esa persona realiza.

Toda oración es en última instancia un principio que ordena la vida, un criterio vital que afecta de manera efectiva la forma en que se vive puesto que influencia las decisiones y acciones que se toman. Definitivamente así lo entiende el autor del Deuteronomio.

El *Shema*, en el capítulo sexto de aquel libro, se antecede por un pasaje en el que se resalta la importancia de esa oración como principio ordenador y vital. Específicamente, postula que seguir ese principio que se le propone al pueblo de Israel es fundamental, no para complacer los caprichos de una deidad arbitraria y artificial (de un ídolo), sino porque es la clave para ordenar la vida y lograr así alcanzar la dicha, la bienaventuranza, la plenitud.

Veamos el versículo justo antes del comienzo del *Shema*. Ahí se lee: "Por eso, escucha, Israel [...] Así gozarás de bienestar y llegarás a ser muy numeroso en la tierra que mana leche y miel, como el Señor, tu Dios, te lo ha prometido" (*Deuteronomio*, 6.3). Más allá del lenguaje bíblico cargado de simbolismo y que es, como recién dijimos, el que hay que "decodificar" o "traducir" para poder entender el verdadero significado que ese lenguaje expresa —por ejemplo, "la tierra que mana leche y miel" significa una tierra donde no hay escasez, donde hay sobreabundancia, donde no hay necesidad insatisfecha, esto es, donde no hay sufrimiento—, en este pasaje se remarca la importancia de este principio para alcanzar la buena vida, la plenitud de espíritu, el bien-estar o la *eudaimonía*, como dirían los griegos antiguos.

Luego, seguido al *Shema*, se nos vuelve a reiterar su importancia al indicarnos que debemos tener siempre presente este principio fundamental y compartirlo con nuestros hijos y con las personas con las que nos cruzamos. El versículo inmediatamente después del *Shema* dice así: "Graba en tu corazón estas palabras que te dicto hoy. Incúlcalas a tus hijos, y háblales de ellas cuando estés en tu casa y cuando vayas de viaje, al acostarte y al levantarte" (*Deuteronomio*, 6.6-7).

¿Por qué es tan importante este principio? ¿Qué es lo que nos dice que sea tan revelador?

Porque nos presenta la fórmula que expresa el sentido de la vida y que ese sentido es la clave para vivir una vida plena. ¿Cuál es ese sentido de la vida? Amar a Dios por sobre toda las cosas y con todas nuestras fuerzas y potencias. Pero, ¿cómo debemos entender a Dios? Comprendiendo su Nombre, que nos dice quién es.

En la conocida narración del *Éxodo*, Moisés pregunta al fuego de la zarza ardiente por el nombre de Dios. El relato cuenta que la respuesta que escucha es la frase hebrea que sintetiza el tetragrama YHWH y que en castellano se traduciría como *Yo soy el que soy*. En la tradición judía antigua saber el nombre de una persona era en cierto modo conocer algo esencial de esa persona, y de alguna manera daba cierta influencia sobre ella. La nota 17.5 al *Génesis* de la Biblia según la traducción *El libro del Pueblo de Dios*, avalada por la *Conferencia Episcopal Argentina*, nos dice que "el ´nombre´, en la mentalidad antigua, no era una simple designación exterior, sino que determinaba de alguna manera la naturaleza íntima del ser o la persona que lo llevaba" (*El libro del Pueblo de Dios*. Buenos Aires: Editorial San Pablo, 2017. Pág. 46).

Por lo pronto, podemos decir que cuando conocemos el nombre de alguien podemos llamarlo, podemos demandar su atención, podemos identificarlo y dirigirnos a él. Más de cuatrocientos años antes que naciera Moisés, su antepasado Jacob, padre de los doce hermanos de quienes descenderían las doce tribus de Israel, tiene un misterioso combate, y aquel con quien combate antes de bendecirlo le asigna un nuevo nombre, Israel. Jacob no puede evitar preguntarle el nombre a quien lo acababa de bautizar y bendecir, pero recibe una respuesta tajante, "*¿cómo te atreves a preguntar mi nombre?*" (*Génesis*, 32.30).

Unos setecientos años después de Moisés, quien se le revela en una llama que hacía arder la zarza sin consumirla y que antes bendijo a Jacob y le cambió su nombre, inspira en Isaías las palabras de lo que se conoce como el primer poema del Siervo sufriente, donde se describe a la persona (humana, de carne y hueso) que vendrá y sufrirá por los descendientes de Israel. Sorprendentemente, el poema concluye poniendo en boca de esa persona concreta el siguiente entusiasmado pronunciamiento: "¡Yo soy el Señor, este es **mi Nombre**!" (*Isaías*, 42.8).

La tradición cristiana ve en esta figura del Siervo sufriente de Isaías una profecía que se cumple con Jesucristo, el Cordero de Dios, que sufre hasta el extremo de morir crucificado, como sacrificio de amor por todos los seres humanos —y, vale decir, conforme esta misma tradición, todo ser humano por la fe llega a descubrirse descendiente de Israel—. Más adelante, el mismo profeta se esfuerza por transmitir fielmente las palabras de Dios que habla premonitoriamente a los futuros descendientes de Israel:

> No temas, porque yo te he redimido, te he **llamado por tu nombre** [...] Porque yo soy el Señor, tu Dios, el Santo de Israel, tu salvador [...] Porque tú eres de gran precio a mis ojos, porque eres valioso, y yo te amo [...] traeré a tu descendencia desde Oriente y te reuniré desde Occidente [...] a todos los que **son llamados con mi Nombre**. (*Isaías*, 43.1, 3-5, 7).

En la tradición cristiana, Jesús —o *Yehoshuah* en hebreo— significa "Dios (YHWH) salva" o "Dios sana" y es a quien otro Isaías (unos doscientos años antes de su homónimo) lo anuncia como un signo al profetizar que "la joven está embarazada y dará a luz un hijo, y lo llamará con el nombre de Emanuel" (*Isaías*, 7.14). Emmanuel significa "Dios con nosotros". Dios redentor, salvador, Jesús el Mesías o Jesucristo, es para quienes ***"creen en su Nombre"*** (*Evangelio según san Juan*, 1.12) la redención, la salvación de la muerte, la salud divina que sana a toda persona que llega a vivir en eterna bienaventuranza. Jesús es "**el Nombre** que está por sobre todo nombre" (*Filipenses*. 2.9). Jesús, el Ungido, el Mesías, el Cristo, Jesucristo, es el Nombre por el cual Dios sana y salva al ser humano. Y claro está, cabe la pregunta en el interior más profundo de cada persona, ¿en verdad padecemos alguna aflicción tan severa de la que debamos ser sanados? ¿Realmente hay algo de lo que debemos ser salvados o liberados?

Esta, por otra parte, no es otra que la pregunta que motiva esta investigación, puesto que reconocer la necesidad de un sentido trascendente para nuestras vidas, ese que nos marca el norte hacia nuestra plenitud, nuestra eterna y plena bienaventuranza, ese sentido que nos descubre el verdadero camino hacia una vida plena, es reconocer un defecto esencial en el horizonte inmanente de nuestra existencia. Reconocemos que hay un defecto, es decir, que falta algo en el campo de visión y comprensión en el que se circunscriben todas las cosas que vemos y tocamos, en el *más acá* donde situamos lo que somos y en el que nos encontramos, convencidos, sin lugar a dudas —como concluiría Descartes— existiendo.

Ese defecto es la carencia de la trascendencia, del *más allá*, al que nuestra consciencia parecería impulsarnos constantemente, intentando encontrar en todo lo que vemos y tocamos un sentido último, algo, alguna huella, una semilla de verdad que la ponga en evidencia y que nos indique que hay algo más con el poder de satisfacer ese deseo profundo, algo sobrenatural que compense ese defecto natural. La pregunta del porqué se dijo antes, desde el punto de vista natural, es una pregunta tonta. Pero si somos sólo seres naturales por qué entonces nos la hacemos una y otra vez, y no como un pasatiempo ocioso sino como algo de vital importancia para nosotros, al punto de desesperarnos. Al punto, lo dice el propio Camus, de despertarnos en la noche agobiados por una angustia sofocante. Esto lo reconoce quien famosamente promovió el heroísmo del absurdo o del sinsentido.

La pregunta del porqué, decía Camus, es tal vez la única pregunta que merece todo el esfuerzo de nuestros filósofos. La siguiente pregunta, por tanto, es más que justa, ¿por qué nos preguntamos por el porqué de nuestra vida? ¿Qué nos hace falta? ¿Qué defecto hay en nuestro ser y en nuestra situación (en "nuestro ser y su circunstancia", como diría alguno) que no podemos lograr nosotros mismos con nuestra tecnología y con nuestro conocimiento natural? ¿Qué buscamos que no logramos encontrar en un prolongado bienestar natural de deseos plenamente satisfechos y sin dolor?

La respuesta cristiana es simple y profundísima: ***a Jesucristo, quien es el Nombre por el cual Dios se ha dado a conocer íntimamente a los hombres***. La tradición cristiana nos cuenta, conforme lo narran claramente los Evangelios, que Jesucristo es el Camino, la Verdad y la Vida. ¿Qué Camino, qué Verdad y qué Vida? Camino al centro mismo de la existencia plena; Verdad como inteligibilidad o entendimiento pleno, único y simple de todo lo que existe; Vida como eterna bienaventuranza en total plenitud.

Jacob sueña una escalera "que estaba apoyada sobre la tierra, y cuyo extremo superior tocaba el cielo. Por ella subían y bajaban los ángeles de Dios" (*Génesis*, 28.12). Para los cristianos Jesucristo es la *nueva escalera de Jacob*, ya no soñada sino real y concreta, puesto que sobre Jesucristo se verá "el cielo abierto y a los ángeles de Dios subir y bajar" (*Evangelio según san Juan*, 1.51). Jesucristo *es el Cordero de Dios*, dice Juan el Bautista las dos ocasiones que lo ve, según lo narra san Juan (1.29, 36).

El *Cordero de Dios* es el *Siervo sufriente* que nos describe Isaías y en boca de quien el profeta proclama, como ya vimos, "¡Yo soy el Señor, este es mi Nombre!". Los cristianos descubren el sentido de su vida —ese que deben seguir como un llamado salvífico, como una misión que los define— en el Nombre de Jesús, escalera hacia la realidad trascendente del *Reino de los Cielos*, esa salvación divina que ordena la naturaleza del hombre hacia su fin sobrenatural, sanándola, direccionándola hacia su compleción en común unión con otros, hacia una existencia plena y consumada.

La tradición judía jamás podría aceptar esto sin aceptar este Nombre como verdadero, sin creer que lo es. El Nombre de Dios no puede ser nombrado en vano, y con razón. Por eso la piadosa reverencia judía de evitar incluso la mención ociosa al tetragrama YHWH, que es como Dios se ha dado a conocer a Moisés. Y en el Antiguo Testamento, que es la Biblia hebrea, nada más puede agregarse a ese Nombre. Los iniciados en la Cábala, se nos dice, suelen estudiar y buscar conocimiento de los nombres de Dios —al punto que algunos practicantes recibían el título de *Baal Shem* o *ba'al shem*, que se traduciría como "maestro del Nombre [de Dios]"— pero nada de esto se lee en la palabra escrita de la Ley.

La cábala indefectiblemente refiere a un conocimiento esotérico del que sólo pueden hablar con propiedad aquellos que interpretan lo que está escrito en la Biblia hebrea conforme esa tradición oral y mística, y de la que nada puede saber quien permanece fuera de ella. Uno podría decir que quienes aceptan la revelación de YHWH en Jesucristo, Dios entre nosotros, salvador, sanador y redentor de la humanidad, y crean "en su Nombre", reciben como don gratuito "el poder de llegar a ser hijos de Dios" (*Evangelio según san Juan*, 1.12), con la profunda intimidad que eso significa, y evita los riesgos que pueden surgir en toda práctica esotérica. Pero para quien no acepta esta revelación, la lectura de la Sagrada Escritura previa a esa revelación es distinta. Esa persona puede referirse a YHWH como *Adonai*, "mi Señor", o como *Elí*, "mi Dios", pero nada más puede decir sobre su Nombre y de seguro nada de lo que con toda confianza (o *fide*, fe) puede afirmar un cristiano. Salvo, claro está, la bellísima verdad de que YHWH es, ante todo, el Señor y el Dios de los israelitas; que es "el Dios de Abraham, el Dios de Isaac, y el Dios de Jacob" (*Génesis*, 3.15). Por eso mismo, un judío piadoso, sin mayor conocimiento sobre el Nombre de Dios, evitando usar vanamente el tetragrama, se refiere de manera sustitutiva y reverencial a Dios como *Hashem*, que literalmente significa "el Nombre".

Vale decir, por otra parte, que en ocasiones, cuando nos aproximamos a un texto antiguo, puede que nos quedamos con el significado literal de una frase que fue utilizada de manera figurativa. Otras veces leemos algo fuera de contexto, lo aislamos del tiempo y del lugar donde fue escrito. O quizás simplemente lo desconectamos del mensaje que el texto completo quiere transmitirnos. Estos son solo algunos errores que, indavertidamente, podemos cometer.

En particular, cuando nos referimos a fragmentos bíblicos, la iglesia católica refiriéndose al sentido de la Escritura, propone que, en general, se tengan presente cuatro sentidos distintos que bellamente se sintetizan en el siguiente *dictum* medieval: *"Littera gesta docet, quid creadas allegoria, moralis quid agas, quo tendas anagogia"* ["La letra enseña los hechos, la alegoría lo que has de creer, la moral lo que has de hacer y la anagogía aquello a lo cual has de tender"] (*Catecismo de la Iglesia Católica*, Buenos Aires: Lumen, 1992. Pág. 38, apartado 118).

De lo que se lee literalmente se desprende el sentido literal; de lo que se figura en el lenguaje literal se expresa también un sentido alegórico. La invasión de Israel por un ejército extranjero es el hecho, es la narración literal. Pero esa narración literal tiene un significado alegórico, puesto que ese ejército extranjero representa algo más —tal vez la consecuencia devastadora de una pasión desenfrenada o un vicio en el que cae tanto el individuo como la sociedad—. Luego hay un significado moral que nos interpela mostrándonos —en el amplio contexto que trasciende al que da origen al texto— como debemos actuar y qué significa hacer las cosas bien. Y por último, se nos expresa un significado anagógico que nos dice por qué debemos hacer eso que se nos indica, con qué fin o hacia qué meta última avanzamos haciendo eso que se nos indica.

SOBRE LOS NOMBRES DIVINOS

¿Y la filosofía? ¿Qué tiene para decirnos sobre Dios? ¿Podemos acaso, siguiendo la razón natural (que es la herramienta más poderosa de la filosofía) llegar a decir algo sobre Dios? Para los escolásticos este fue un tema de debate. En ese contexto surgen lo que se conoce como los *trascendentales* —las *nociones más comunes* o *communissima* que nos permiten conceptualizar a todo ente—. Si bien como dijimos estas nociones se desarrollan durante la filosofía escolástica, sus orígenes corresponden al planteo filosófico de Aristóteles —y por supuesto, al de los autores Árabes que promovieron la obra del Estagirita—.

Vale decir también que son dos importantes teólogos y filósofos de los siglos V y VI, el romano Boecio y el bizantino Pseudo Dionisio (llamado así para distinguirlo del discípulo de san

Pablo, su homónimo san Dionisio Areopagita, Juez del Areópago, centro del Ágora de Atenas, donde se llevaban a cabo los debates intelectuales más importantes de toda la civilización occidental antigua), quienes desde el legado de sus respectivas obras pondrán estos conceptos en el centro del debate filosófico de la Edad Media. Y no es de sorprendernos que en ese debate brillaran las voces de Tomás de Aquino y de su profesor Alberto Magno.

Puntualmente, Pesudo Dionisio en su obra *De divinis nominibus* ("Sobre los nombres de Dios") marcará el camino, que luego seguirá santo Tomás, a partir del cual estos conceptos metafísicos pueden entenderse también como propiedades o manifestaciones (o huellas) de la acción de Dios en todo lo que, a partir de su acción, existe. En otras palabras, si conceptualmente entendemos a Dios —parcialmente, claro está— como la *causa primera* de todo lo que existe, esto es, si lo entendemos como la existencia en cuanto existencia —la esencia de la existencia o lo que existe por virtud de su propia esencia— o como *actus purus*, entonces, debemos considerar que lo común a todo ente, es decir, a eso que tiene existencia conforme con una esencia —toda cosa que existe como un "algo que es", como un esto o un aquello— necesariamente debe incluir propiedades comunes, *communissima*, a toda existencia en cuanto existencia, o al Ser como denominador común de todo lo que es.

¿Y cuáles son estas propiedades comunes? La primera es la que se ha tratado en la primera parte de esta investigación y que nuestros interlocutores llamaron *principio de unidad*. A ese trascendental (metafísico), o noción común a todo ente, los escolásticos la llamaron *unum* o lo uno o unidad. Como se vio en su momento, este principio se manifiesta en el simple hecho de que podemos percibir cosas (entes que son un esto o un aquello) y que podemos distinguir (identificar) de manera indivisible, como una unidad, entre el resto de la realidad que percibimos.

Hay dos trascendentales más que sin mayor disenso se han aceptado como tales: *verum* o lo verdadero y *bonum* o lo bueno. El ente que se nos presenta como indiviso, como uno, como unidad, existe —es en acto puesto que está presente frente nuestro— y sólo por este hecho es bueno, puesto que el ser es el valor supremo o la fuente de todo valor: lo que no existe nada vale y lo que vale para valer debe existir. Ese ente que existe y que es bueno (por el sólo hecho de existir) es también verdadero puesto que se nos presenta como inteligible, como algo *que es* una determinada cosa cuya esencia o "quedidad" podemos aproximar con nuestros sentidos e intelecto. Se nos presenta como algo pasible de ser entendido por nosotros y la fuente de ese entendimiento es su existencia inteligible, ordenada, coherente, configurada de una determinada manera (conforme patrones que podemos reconocer).

A estos tres trascendentales se suele agregar un cuarto que no todos los autores incluyen en sus tratados —y que acá el narrador parece defender—: *pulchrum* o lo bello. Ese ente que existe como un algo indivisible, *unum,* como bueno, *bonum,* como cognoscible, *verum,* en la medida que lo apreciamos (lo reconocemos como algo que tiene un valor intrínseco, como bueno) y entendemos (lo llegamos a conocer, "vemos" su verdad intrínseca) descubrimos también su belleza intrínseca, esa armonía entre la bondad y la verdad con que se nos presenta todo ente en cuanto ente, en cuanto a que tiene una determinada existencia —esto es, llegamos a ver que ese ente es además bello, *pulchrum*—.

Antes se ha dicho que de nuestra experiencia del ente, es decir, de nuestro asombro por las cosas que experimentamos surge la filosofía y, puntualmente, las cuatro preguntas básicas del pensamiento filosófico: *¿Qué es el ser o la existencia de las cosas?* o *¿Qué es el ente (en cuanto ente) o la realidad (en cuanto realidad)?*, que da lugar a la **metafísica** o a la **ontología**; *¿Qué es el bien o la bondad y qué es (y cómo se debe) obrar bien?*, que deriva en el estudio de la **ética** (del griego) o de la **moral** (del latin); *¿Que es el conocimiento (o la verdad) y como lo adquirimos?*, que promueve la **epistemología** o el estudio del conocimiento; y por último, *¿Qué es lo bello o la belleza?*, que da lugar a la **estética**. Hay por tanto una clara relación entre los trascendentales (unidad, verdad, bondad y belleza) que hacen al entramado fundamental de la realidad, por un lado, y las cuatro preguntas básicas de la filosofía que emergen de la sorpresa con que experimentamos la realidad a nuestro alrededor, por el otro.

Esto no es casualidad sino que está implícito en la propia definición de lo que un trascendental es: esas propiedades que están *más allá* de la esencia (o existencia particular) puesto que derivan (se reciben) del propio acto de ser o de la existencia misma. En otras palabras, toda cosa que es en virtud de un acto de ser que la hace ser no sólo recibe de ese acto su ser (conforme una esencia) sino que recibe también (por el solo hecho de recibir el ser) unidad, verdad, bondad y belleza. Como consecuencia, cuando experimentamos el ente, la realidad aparente o presente a nuestra percepción, experimentamos también su unidad, su verdad, su bondad y su belleza. Sin embargo, a pesar de ser nociones o conceptos en nuestra consciencia, estos trascendentales no dependen de aquella puesto que en última instancia son rasgos esenciales de la existencia en cuanto existencia, esto es, todo lo que es necesariamente es de manera equivalente: uno, verdadero, bueno y bello.

Es decir, una cosa es lo que nosotros, como seres conscientes, percibimos y conocemos de la realidad, por un lado, y otra la realidad fuera de nosotros, la realidad objetiva que experimentan nuestras consciencias. Y los filósofos que pretenden hacer buena filosofía deben tener muy en claro esta diferencia. Una cosa es la *verdad lógica* como se la suele llamar o el conocimiento que tenemos de una determinada realidad (por ejemplo, de los organismos biológicos, del sol, de la tierra o de las partículas subatómicas) y otra esas realidades que (en cuanto podemos entenderlas) son la fuente de nuestro conocimiento o la *verdad onto-*

lógica, como también se conoce a esa inteligibilidad del ser de las cosas, ese orden fundamental que las hace ser lo que son.

Para los filósofos escolásticos, entre ellos santo Tomás, las nociones trascendentales referían a una realidad objetiva que se nos presenta en formas diversas (entes) que manifiestan su verdad, bondad y belleza. Esas manifestaciones de los entes que percibimos como aspectos o propiedades separadas o aisladas son en términos ontológicos (en términos de lo que en verdad es, *más allá* de nuestras percepciones) equivalentes entre sí y refieren a la existencia o al ser particular y único de eso que percibimos como bueno, bello y verdadero. Lo que ocurre desde el punto de vista de nuestra percepción consciente es que esa realidad concreta, ese ente que percibimos en nuestro "campo de visión consciente", inunda nuestra consciencia como la luz que pasa a través de un prisma y se descompone: nuestra percepción del ente (de la realidad concreta) se descompone en ideas, en nociones (verdaderas, bellas y buenas), conforme la existencia que percibimos "resuena" de manera diferente en nuestras distintas potencias conscientes (o de nuestra alma).

Por ejemplo, hablamos de manera distintiva de la verdad para enfatizar o resaltar eso que descubrimos con nuestro entendimiento; hablamos de bondad para resaltar eso que descubrimos con nuestra afección o voluntad (eso hacia lo cual aspiramos con nuestra voluntad o deseamos); hablamos de belleza para resaltar ese gozo o disfrute que resulta de la armonía o unión entre nuestro entendimiento y nuestra voluntad cuando contemplamos la bondad (hacia la cual nuestra voluntad está naturalmente direccionada) y la verdad (hacia la cual nuestro entendimiento está naturalmente direccionado).

En la primera parte de la *Suma Teológica* (q. 5, a. 4, ad 1) el Aquinate define la belleza estableciendo que *"se llama bello aquello cuya vista agrada"*. Lo bello se relaciona así a la facultad cognoscitiva y a nuestra facultad volitiva, pero nos aporta algo más que entendimiento y deseo —esto es, hay algo más que sólo comprender su verdad y desear su bondad—. Ese algo más es el gozo o ese agrado que experimentamos cuando contemplamos algo verdadero y bueno, y cuanto más verdadero y bueno sea —esto es, cuanto más ordenado, coherente y perfecto sea— mayor será su belleza y el gozo que nos inspira su contemplación.

Es por esta razón que la tradición católica se refiere a la vida plena como una vida beata o beatificada, de *beatus* ("colmado de bienes, rico, feliz") y lo santos que alcanzan la beatitud eterna alcanzan la *visión beatífica*, es decir, la visión de la fuente de la beatitud que es la visión de la Belleza eminente, perfecta, esto es, alcanzan a contemplar a Dios, el Ser Perfecto que es en sí mismo Verdad y Bondad eminente. La visión beatífica es el gozo perfecto, "colmado de bienes", bienaventuranza sin fin, que deviene de experimentar intensamente (e íntimamente) la Belleza. Tomás nos diría que tenemos pequeñas e imperfectas primicias de esta experiencia en la tierra —en esta realidad contingente de la que somos parte— cada vez que contemplamos la belleza de las cosas, percibiéndolas ordenadamente, entendiéndolas con nuestro intelecto y apreciándolas con nuestra voluntad.

La realidad es en sí misma, en su existencia, la fuente de lo que es indivisible (el ente), bueno, verdadero y bello, y esa realidad es una misma realidad. Por tanto, la referencia o eso en la realidad que llamamos uno, bueno, verdadero y bello se identifica o converge en el mismo ente que percibimos (en eso que se nos presenta como real). Los filósofos escolásticos expresan este hecho ontológico o fundamental de la realidad con las siguientes fórmulas: *ens et verum convertuntur* ("el ente y la verdad se identifican"); *ens et unum convertuntur* ("el ente y la unidad se identifican"); *ens et bonum convertuntur* ("el ente y la bondad se identifican"); y *ens et pulchrum convertuntur* ("el ente y la belleza se identifican").

Ahora bien, si los trascendentales se manifiestan en nuestra consciencia al experimentar la realidad, el ente, lo que existe, y si esa realidad procede de un único acto puro de ser inagotable, perpetuo, esa realidad última, absoluta y necesaria, que las tradiciones abrahámicas llaman Dios, no debería sorprendernos que tanto autores antiguos como escolásticos descubrieran en la esencia divina, en el Ser Absoluto —el Dios de Abraham, de Isaac y de Jacob—, la convergencia de todos los trascendentales. Por tanto, las identidades que aplican para el ser particular del ente (esto es, el ente es idéntico con su bondad, belleza, verdad y unidad) también deben aplicarse para el Ser por excelencia (es decir, en sumo grado). Esto es, en la eminencia del ser, en el Ser Absoluto, en su esencia, convergen (son equivalentes) la Verdad, el Bien, la Belleza y la Unidad.

Se sigue entonces que si todo ser particular deriva su ser del Ser Absoluto que en su ser simple contiene de manera eminente (en sumo grado, perfectamente) las perfecciones de todo lo que existe, todo ser particular se presenta (conforme su existencia particular) en una escala de existencia, de bondad, verdad, y belleza. El Ser Absoluto es, en consecuencia, el centro de un espacio existencial en el cual toda unidad o ente se posiciona conforme estas coordenadas de verdad, bondad y belleza. No por nada, Pseudo Dionisio en la obra que acabamos de mencionar, identifica estas nociones trascendentales en sumo grado, consideradas de manera eminente, con los "nombres de Dios".

La tradición católica conserva esta idea junto con los aportes de la filosofía escolástica al afirmar con toda confianza que todo lo bueno, verdadero y bello procede de Dios, y que cualquier obra que busque genuinamente el bien, la verdad o la belleza, antes o después, se impulsa desde y hacia Dios en beneficio de toda la creación.

LA FELICIDAD INMANENTE DEL HOMBRE MODERNO

Cuando contemplamos algo bello, esa belleza desarma con su mera presencia toda nuestra *agenda interna,* por decirlo de alguna manera, y reclama con la intensidad de la sirena de un bombero toda nuestra atención, ya todo lo demás pasa a segundo plano. Cuando eso ocurre es la belleza frente a nosotros que nos absorbe en su contemplación, estamos plenamente presentes en ese instante y en ese lugar.

En esa contemplación somos plenamente. San Agustín parece decirnos que la eternidad, entendida como un continuo presente que concentra todas nuestras potencias, debe estar hecha de esa misma intensidad. La belleza del atardecer que contemplamos, real y concreto, puede de pronto invadirnos desde fuera, desde esa realidad objetiva y distinta de nosotros, iluminando a su paso hasta lo más profundo dentro de nosotros.

La vida, por otro lado, nos presenta estas experiencias que parecen estar fuera del tiempo o, al menos, que siempre recordamos vívidamente como si hubieran ocurrido hace un instante. Estas experiencias parecen mostrarnos el gozo fundamental que es ser en plenitud, un estado del ser donde nuestra existencia parecería desplegar toda su potencialidad de ser en un tiempo que no pasa.

Cabe preguntarnos: ¿esos momentos que llegamos a experimentar como únicos y diferentes, que incluso descubrimos como estados de gozo y alegría que nos es inefable o indescriptible (salvo por la pluma de los auténticos poetas), son momentos o estados excepcionales o toda nuestra vida puede acercarse más y más a ellos, haciendo que estas experiencias sean cada vez más frecuentes?

Esta es, básicamente, la pregunta que se hace el filósofo canadiense Charles Taylor en su monumental obra *A Secular Age* ("La era secular"). En esa obra Taylor describe detalladamente la metamorfosis que sufre en un período de quinientos años el trasfondo de creencias a través del cual el hombre occidental experimenta e interpreta el mundo.

En los tiempos previos al comienzo del siglo XVI el europeo promedio se entendía como parte de una sociedad, de una iglesia, de un estado, de una realidad natural y sobrenatural que lo afectaba y determinaba en aspectos esenciales a su existencia. El hombre promedio de finales del siglo XX se entiende a sí mismo como un *buffered self* ("un individuo encapsulado" o "aislado") desconectado de su entorno, inmune a toda influencia, totalmente soberano para determinar su esencia.

Mientras que el ser del hombre medieval era *poroso* o *permeable, influenciable,* consciente de que su voluntad podía estar afectada y determinada por su entorno, el hombre moderno se concibe separado de su entorno, *impermeable,* aislado, inalcanzable para las determinaciones o *fuerzas* externas. Hablamos, claro está, de determinaciones, fuerzas o influencias en términos de ideas, de concepciones, de valores o de creencias compartidas y aceptadas cultural y socialmente.

La contracara de este vuelco, nos dice Taylor, es que el hombre moderno, consciente o inconscientemente, de base (muy profundamente), se autopercibe como encapsulado en su inmanencia, en la realidad que se puede *ver y tocar* del *más acá*. Se deja de sostener en la consciencia del individuo una creencia fundamental (profunda) en la posibilidad de una trascendencia, en que el individuo sea parte de *algo más* que lo trascienda.

Como consecuencia, las posibilidades de alcanzar la plenitud, que en otros tiempos se vivía con toda certeza como una vida cargada de significado y con proyección hacia la trascendencia, como una existencia que avanza hacia el *más allá,* se circunscriben al "espacio visible y comprensible", como diría Ratzinger, a la realización de ese significado o sentido que cada individuo puede asignarse, crearse para su vida, siguiendo el "saber factible" que aporta el avance tecnológico y científico.

El individuo, entonces, reduce sus expectativas de plenitud a "esos instantes", esporádicos, a esos pocos "picos de montaña" de exaltación, diría Nietzsche, entre amplios valles y llanuras de más o menos estados dilatados de sufrimiento y satisfacción moderada. La *era secular* se vuelve, siguiendo a Taylor, una era con sobreabundancia de alternativas ideológicas sobre cómo alcanzar la felicidad o la plenitud en esta vida, pero donde todas rozan la consciencia de los individuos de manera epidérmica, puesto que en la base de esa consciencia, en la profundidad del individuo, subsiste la férrea certeza —y es justamente el progresivo advenimiento de esta certeza en lo profundo de la consciencia del individuo moderno lo que Taylor desarrolla en detalle— de que el hombre debe resignarse a la inexistencia de *algo más,* de una verdad objetiva, de una realidad trascendente a la que pertenecemos, de un sentido último, de una misión esencial para cada individuo.

Las personas —presas de esta certeza heredada de sus padres modernos, podríamos decir— adoptan, intercambian, mezclan ideologías, muchas veces contradictorias entre sí, como si fueran prendas de vestir que deben usarse conforme la temporada. Sin embargo, mientras estas ideologías se entretienen intelectualmente, se argumentan con rigurosidad y fervor, se comparan, se aprueban o descartan, por debajo de toda esta dinámica, en lo profundo, subsiste una incapacidad de comprometerse con nada que se oponga a la soberanía del "yo", cuya sagrada voluntad o auténtico sentimiento profundo debe permanecer incontestable.

En lo profundo del individuo subsiste una falta de confianza en que haya algo más que yo (fuera del ser individual) que amerite la pena de esfuerzo alguno. El individuo contemporáneo deriva, al margen de sus creencias intelectuales, en la convicción (manifestada en sus actitudes y actos) de que la existencia es, en última instancia, autodeterminada y egocéntrica.

Independientemente de la ideología, su eficacia en la realidad está de cuajo vedada porque el individuo perdió la capacidad de concebir toda proyección de significado, puesto que en el interior del individuo ya no hay fe (entendida como esa apertura a la trascendencia, a ese *algo más* fuera de nosotros).

Hablamos de la fe como esa opción que Ratzinger describe como una profunda postura existencial ante la realidad, como un *permanecer y comprender* que permite sostener la certeza en la posibilidad de que la realidad invisible, trascendente, fundamental, es lo más real y en, última instancia, lo que sostiene la realidad visible. Pero sin esa posibilidad, sin la certeza de esa posibilidad, el espíritu humano, en cuanto capacidad de comprometerse con un fin trascendente, algo que trascienda su voluntad o su sentimiento, se atrofia, y como consecuencia nuestra psicología se tiñe, más allá de las apariencias, de una profunda desesperanza. Lo único absoluto es la soberanía de cada individuo a conformarse con *su* verdad, esa que se determina por lo que siente o lo que quiere. Lo único que importa es garantizar un horizonte de posibilidades lo suficientemente amplio como para *sentirnos* bien y realizarnos como individuos, alcanzando eso que nosotros *queremos*.

El hombre contemporáneo se vuelve, entonces, como dirían los sofistas que rivalizaban con Sócrates, la medida de todas las cosas. Esos sofistas después de dos mil cuatrocientos años logran, finalmente, aplastar al tábano de Atenas para que deje de incomodar las consciencias humanas y puedan priorizar, ya sin reparos, la comodidad por sobre todas las cosas. Él hombre contemporáneo, por tanto, se vuelve soberano de sí mismo y decide y se autodetermina conforme su propia regla o medida: sus sentimientos y su voluntad. La razón pasa a un segundo plano puesto que, por sí sola, nada puede aportar. Del estanque del sinsentido, cómo lo observa Ratzinger, el *hombre de hoy* se ha convencido de que puede salir de una manera descabellada, diríamos, así como literalmente cree poder hacerlo el caricaturesco Barón de Münchhausen.

¿De qué color es la nieve?

Esta es una pregunta tramposa: ¿de qué color es la nieve y el pelo de los osos polares? En contra de lo que nos dice la experiencia, la respuesta precisa es que no tienen color. En un mundo monocromático los humanos sólo experimentarían tres realidades: la que refleja la luz sin alterarla y que sería blanca, la que absorbe la luz sin reflejarla y que sería negra, y la que se deja traspasar por la luz y que sería transparente o invisible. En un mundo policromático, como es el que por naturaleza los seres humanos experimentan, la única diferencia es la existencia de una cuarta realidad: esa en la cual la luz se refleja con alteraciones generando como resultado la variada combinación de colores —que son experiencias conscientes de las ondas electromagnéticos o fotones (en diversas frecuencias o niveles de energía) que los ojos humanos son capaces de percibir—. Esas alteraciones son consecuencia de las multiformes estructuras microscópicas de las superficies donde la luz se refleja. Vale recordar, por otra parte, que los humanos —y demás organismos capaces de visión o que poseen ojos, que son el órgano receptor de la luz— sólo ven lo que refleja o absorbe luz. Lo que es (perfectamente) transparente es algo invisible.

Por otra parte, si se considera el amplio espectro del fenómeno electromagnético, se debería reconocer que, en cuanto sensores o receptores, los ojos humanos constituyen un sistema de detección (y decodificación) de onda limitado —sólo advierte un rango acotado de ese espectro y tiene incorporado, además, mecanismos que si bien resultan efectivos también producen errores— y, sin embargo, vale decir también, los humanos depositan mucha confianza en ese sistema, al punto que toda la ciencia natural basa su evidencia en él. Toda hipótesis científica que se proponga como una posible explicación de algo (como una verdad científica sobre la realidad) debe verificarse ocularmente, ratificarse por datos que aportan los minúsculos fotones que llegan a los ojos humanos.

Para alguien como yo, que es incapaz de ver, esto resulta sorprendente y en mi consciencia totalmente ciega, incapaz de pensar en imágenes, se me ocurre que poner semejante límite al conocimiento humano es análogo a un adolecente tímido (es decir, a una persona que adolece de algo) que no se atreve a abrir la puerta e ingresar en la habitación contigua para participar de la discusión y que lleno de temor prefiere limitarse a espiar lo poco que puede desde la cerradura de la puerta.

Pero más allá de esta apreciación, lo interesante, conforme se desprende de lo que nos describe el narrador, es notar que si los humanos fueran lo suficientemente pequeños como para escalar entre los peñascos gélidos de esos gigantescos cristales de hielo o como para aventurarse dentro de las interminables planicies epidérmicas sobre las que crecen aquellas inmensas torres de cabello, ¿qué verían?

El espectáculo sería precioso. Las variadas estructuras de los cristales de hielo, depositadas unas sobre otras, generarían grandes espacios de aire que descompondrían la luz haciendo que sobre ellos emerja un cielo de arcoíris. Desde algún borde afilado, sobre un abismo profundo, el minúsculo ser humano vería ese cielo y debajo de él, montañas de variadísimas simetrías, invisibles en su casi perfecta transparencia, pero magnificadas por los rayos de luz que las atravesarían haciendo brillar sus contornos como si fueran vértices incandescentes pero fríos —que se podrían tocar sin que las delicadas manos del ser humano se quemaran al hacerlo—.

La luz se proyectaría en todas direcciones en un universo gélido casi infinito, así como lo es, en escala proporcional, el que realmente habita el hombre en su tamaño natural. Un espectáculo semejante sería el que experimentaría tal miniatura humana al avanzar, cual cosaco siberiano, entre las extensas plantaciones de gigantescos juncos fibrilados y ondulantes que como sequoias amarfiladas se elevarían hasta donde no llega la vista.

Allí, al acercarse a abrazar a alguno de esos troncos inmensos —que sólo conseguiría rodear por completo si se coordinara con diez o quince personas más—, ese soberano de la inmensidad vería a través del cilindro perfecto que abraza, como si mirara a través de una enorme botella de plástico transparente. Luego, al levantar la vista vería ese mismo cielo de arcoíris y torres brillantes que proyectarían luz como si fueran filamentos ardientes (no de un color rojo vivo sino de un blanco inmaculado, brillantísimo) que se elevarían más allá de ese cielo multicolor.

El pequeño humano abrazado a ese tronco fibril se mecería con las ondulaciones que la inmensa estructura haría consecuencia del movimiento natural al que los pelos del oso polar están normalmente sujetos, sea consecuencia de la motricidad espontánea de ese animal o de las condiciones ambientales del ártico en el que habita.

La única diferencia entre estas dos acotadas atmósferas, por las que seguramente los extasiados humanos explorarían sin cansarse, es que en una primaría la diversidad de estructuras y en la otra la semejanza. Los cristales de hielos son diversos, distintos unos de otros; los pelos del oso polar comparten una misma genética, son semejantes.

Si bien la diversidad en el primer caso es resultado de leyes perfectamente inteligibles, es, no obstante, imposible de replicar —dada la inmensurable cantidad de parámetros que la afectan—. Las fuerzas que moldean esas estructuras de hielo (ínfimas para el humano real, gigantescas para el pequeño humano ficticio que acabamos de imaginar) también las hacen caer y las apilan unas sobre otras de manera única. A pesar del aparente desorden o caos, tales estructuras (y paisaje) son resultado de un orden perfecto, computable, matemático, y que podría replicarse si en el mundo existiera la suficiente capacidad de cómputo. Pero tal capacidad no existe (al menos desde el limitadísimo poder de cálculo que los humanos poseen o son capaces de producir) y en los hechos esa diversidad es irreplicable.

En el segundo paisaje minúsculo, al espectáculo de colores se sumaría el del movimiento. Mientras que en las gélidas estructuras cristalinas nada parecería moverse, en la pradera capilar todo ondularía, desde el suelo mismo, naturalmente animado por fuerzas musculares subcutáneas, hasta las inmensas torres a las que, desde un más allá estratosférico, fuerzas invisibles las haría bambolearse, todas juntas, como si lo hicieran al compás de una música inaudible. Pero toda esa realidad minúscula, casi microscópica, le es al humano real totalmente ajena y, claro está, fácilmente confundible con una ficción.

El tamaño del hombre y la correspondiente calibración de su aparato sensorial condiciona —materialmente, naturalmente— su percepción de la realidad. En el caso puntual de las realidades interiores de la nieve o del pelaje de los osos polares, en la medida que el hombre mantenga sus medidas actuales, jamás podrá experimentarlas así como las acabamos de describir. El conocimiento de la realidad es objetivo, puede alcanzarse, pero al mismo tiempo está condicionado y limitado por la constitución material de quien conoce. Es, por tanto, lícito sostener —sin siquiera llegar a apelar a su dimensión inmaterial— que esa realidad es, ¡debe necesariamente ser!, mucho más rica en extensión y profundidad de lo que el ser humano, desde su condición puramente natural, jamás podrá llegar a experimentar.

Cierro esta última digresión con la siguiente pregunta: ¿cómo experimentaría la realidad un humano microscópico (entendido en términos de la física moderna), esto es, un humano con el cuerpo de una partícula subatómica, tal vez la más ínfima de todas ellas, como lo es el fotón? Es, creo yo, un experimento de pensamiento interesante. Por lo pronto, lo fue para Einstein que partió desde este planteo para concebir una explicación relativista de la realidad material de la que, humanos y artefactos por igual, aceptamos, científicamente hablando, que somos parte.

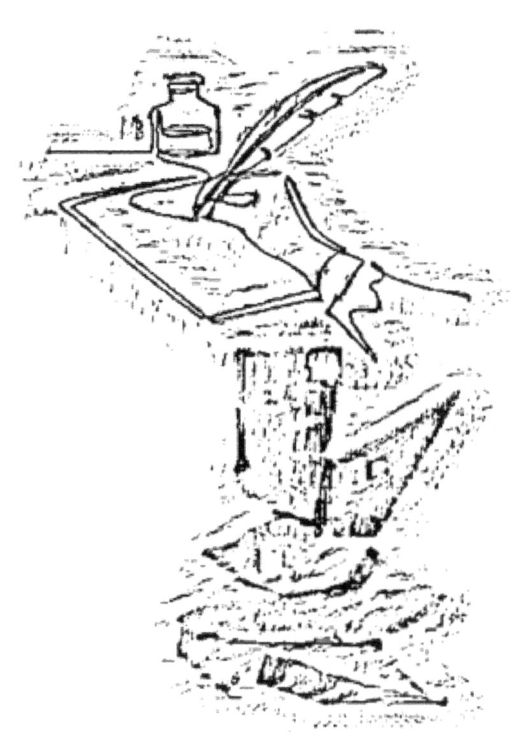

www.ingramcontent.com/pod-product-compliance
Lightning Source LLC
LaVergne TN
LVHW010102170826
845678LV00012B/2214

* 9 7 8 6 3 1 0 0 3 6 4 4 1 *